# FORSCHUNGSBERICHTE
## DES WIRTSCHAFTS- UND VERKEHRSMINISTERIUMS
## NORDRHEIN-WESTFALEN

Herausgegeben von Staatssekretär Prof. Leo Brandt

Nr. 155

Dipl.-Phys. K. H. Schirmer

## Die auf Grau abgestimmte Farbwiedergabe im Dreifarbenbuchdruck

im Auftrage
der Deutschen Gesellschaft für Forschung im graphischen Gewerbe e. V., München

Als Manuskript gedruckt

Springer Fachmedien Wiesbaden GmbH

ISBN 978-3-663-03405-6      ISBN 978-3-663-04594-6 (eBook)
DOI 10.1007/978-3-663-04594-6

Forschungsberichte des Wirtschafts- und Verkehrsministeriums Nordrhein-Westfalen

G l i e d e r u n g

I. Einleitung
   Schwierigkeiten in der Grauwiedergabe beim
   Dreifarbenbuchdruck .................................... S. 5

II. Grundlagen der Reproduktion von Grau insbesondere bei
    der autotypischen Farbmischung ........................ S. 6

   A. Grauwiedergabe bei farbigen Reproduktionsverfahren ... S. 6

   B. Grundlagen der autotypischen Farbmischung ......... S. 9

   C. Deutung der Schwierigkeiten der Grauwiedergabe aus den
      Eigenschaften der Druckfarben ................... S. 10

III. Die charakteristischen Kurven der Teilbilder für den
     Dreifarbenbuchdruck .................................. S. 17

   A. Methoden zur Bestimmung der charakteristischen Kurven . S. 17

   B. Experimentelle Prüfung der Ergebnisse ........... S. 27

IV. Praktische Bedeutung der Graubedingung für die Herstellung
    von Druckformen für den Dreifarbenbuchdruck ........ S. 29

V. Zusammenfassung ........................................ S. 32

VI. Literaturverzeichnis .................................. S. 33

Anhang .................................................... S. 35

Forschungsberichte des Wirtschafts- und Verkehrsministeriums Nordrhein-Westfalen

## I. Einleitung

### Schwierigkeiten der Grauwiedergabe im Dreifarbenbuchdruck

Auf der letzten Tagung des Fachnormenausschußes Farbe im Deutschen Normenausschuß im August 1953 wurde durch den Arbeitsausschuß "Farbe in Druck und Photographie" das Normblatt DIN 16508 "Farbskala für den Buchdruck"[1] endgültig angenommen. Dadurch fand die mehrjährige Arbeit zur Vorbereitung dieses Normblattes ihren Abschluß. Während man sich über die Grundfarben Gelb und Blau ohne weiteres einigen konnte, zeigten sich Schwierigkeiten in Bezug auf die Festlegung des Rot, und zwar besonders hinsichtlich der Farbstärke dieser Grundfarbe. Es traten hier die Erscheinungen zutage, die der Fachmann ebenfalls aus der Praxis kennt; denn es ist allgemein bekannt, daß es mit dem Rot eine besondere Bewandtnis hat.

Die Abstimmung des Rot und der übrigen Grundfarben muß bekanntlich so erfolgen, daß die Mischfarben 1. Ordnung (Übereinanderdruck von zwei Farben) möglichst gleichabständig zu den Grundfarben sind und bei Übereinanderdruck der drei Farben (Mischfarbe 2. Ordnung) ein optimales Schwarz entsteht. Stimmt man nach diesen Gesichtspunkten ab, so erhält man bei Übereinanderdruck von drei Klischees einer Skala mit gleichen Rasterpunktgrößen für die einzelnen Stufen kein Grau, wie man es erwarten sollte, sondern eine wesentliche Verschiebung des Farbtones nach Braun bis Rot. Um diese Schwierigkeit zu beseitigen, zog man bei Andruck des genannten Normblattes zunächst nur zwei Möglichkeiten in Erwägung. Entweder man druckte das Rot heller oder das Blau noch kräftiger. Es zeigte sich jedoch, daß man auch in diesem Falle nicht alle Stufen der Grauskala farbstichfrei erhält und außerdem in Kauf nehmen muß, daß die Tiefe nicht mehr neutral abgestimmt ist.

Auf Grund dieses Ergebnisses könnte nun der Eindruck entstehen, daß die drei Grundfarben für den Dreifarbenbuchdruck nicht richtig gewählt seien und sich eventuell eine Farbskala finden ließe, welche diese Eigentümlichkeit nicht aufweist. Bekanntlich ist man zu dieser jetzt durch Norm festgelegten Farbskala dadurch gekommen, weil man erkannt hat, daß diese die größtmögliche Anzahl an Farbnuancen zu erreichen gestattet.

Um diese Schwierigkeiten zu klären, wird von einigen Überlegungen berichtet, die im Institut der Deutschen Gesellschaft für Forschung im graphischen

*Forschungsberichte des Wirtschafts- und Verkehrsministeriums Nordrhein-Westfalen*

Gewerbe über diese Erscheinung angestellt wurden und die ergaben, daß die Rotverschiebung in den Mitteltönen durch das charakteristische optische Verhalten der zur Verfügung stehenden Pigmente bedingt ist. Es soll im folgenden eine anschauliche Deutung des Problems gegeben und der Weg gezeigt werden, den man einschlagen muß, um im Dreifarbenbuchdruck eine auf Grau abgestimmte Wiedergabe zu erhalten, wie sie für eine farbstichfreie Reproduktion einer Grauleiter notwendig ist. Mathematische Ableitungen sollen nur soweit gebracht werden, wie sie für das Verständnis des Folgenden und für die Erklärung der Farbverschiebung so wie der Berechnung der charakteristischen Kurven erforderlich sind.

## II. Grundlagen der Reproduktion von Grau insbesondere bei der autotypischen Farbmischung

### A. Grauwiedergabe bei farbigen Reproduktionsverfahren

Eine Grundforderung an jedes farbige Reproduktionsverfahren ist es, das Verfahren in seinen Einzelschritten (Herstellung der Farbauszüge und der Teilbilder) so abzustimmen, daß man ein Grau der Vorlage automatisch als ein Grau richtig wiederzugeben vermag. Denn das menschliche Auge empfindet Abweichungen in der Wiedergabe eines Grau als besonders störend, während es im allgemeinen gegenüber Farbverschiebungen bei der Wiedergabe farbiger Objekte wesentlich toleranter ist. Aus diesem Grunde ist der Grauwiedergabe besondere Beachtung zu schenken.

Ehe auf den speziellen Fall der Grauwiedergabe für die hier interessierende autotypische Farbmischung, wie sie beim Mehrfarbenbuchdruck auftritt, eingegangen wird, muß man sich fragen, wie in der Reproduktionstechnik überhaupt der Eindruck eines Grau zustande kommt. Da man Grau keinem Farbton zuordnen kann, spricht man auch von einem sogenannten Unbunt. Den Eindruck von Unbunt hat man dann, wenn die Oberfläche des Druckes Licht aller Spektralgebiete zu einem konstanten Bruchteil zurückwirft, oder ein Filter in allen Spektralgebieten einen konstanten Bruchteil durchläßt. Man sagt, der Remissionsgrad bzw. Transmissionsgrad ist für alle Gebiete des sichtbaren Spektrums konstant, und man stellt dies in der graphischen Darstellung durch eine Gerade dar (Abb. 1). Diese Eigenschaft haben angenähert die schwarzen Druckfarben, wie man sie z.B. als vierte Farbe im Vierfarbendruck verwendet. Man bezeichnet ein solches

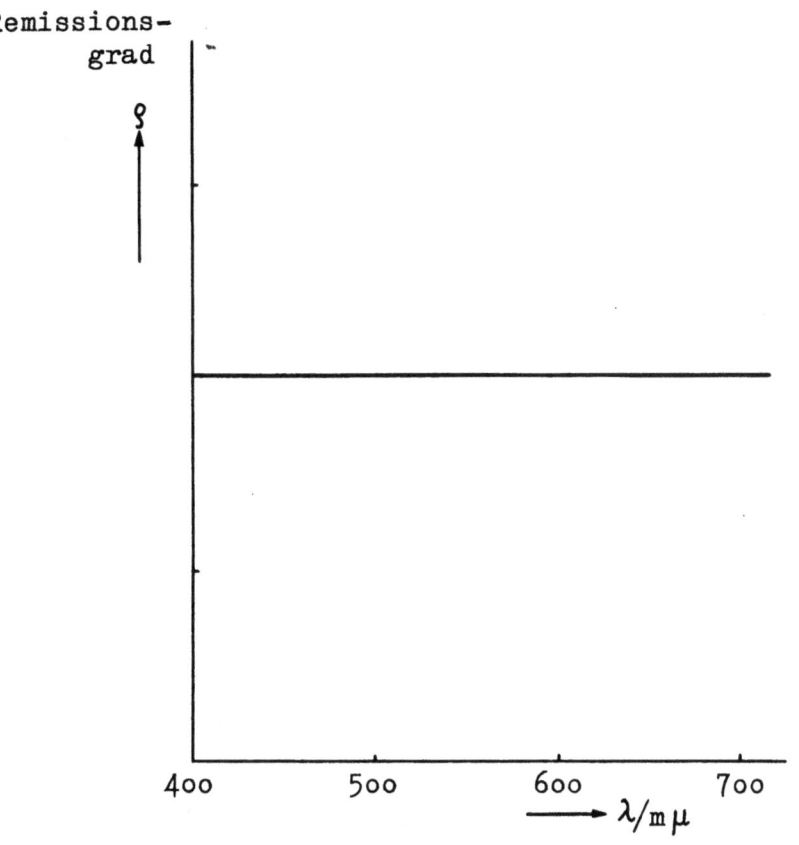

Abbildung 1
Spektrale Remissionsfunktion von Echtgrau

Grau, das durch einen konstanten Remissionsgrad zustande kommt, als sogenanntes Echtgrau.

Man kann aber auch bei den farbigen Reproduktionsverfahren ohne Schwarz als vierte Farbe ein Grau erzeugen. In diesem Falle wird durch additive bzw. subtraktive Mischung der entsprechend gewählten drei Grundfarben des Verfahrens ein Grau nachgemischt. Das Grau ist in diesem Falle jedoch ein Unechtgrau, d.h. der Remissionsgrad des Grau ist nicht für alle Spektralgebiete konstant, der Verlauf der sogenannten Remissionskurve gibt aber im Mittel ein Grau. Man sucht jedoch das Echtgrau möglichst anzunähern, um bei Änderung des beleuchtenden Lichtes die Abweichungen vom Eindruck Unbunt möglichst klein zu halten. Bisher war stillschweigend vorausgesetzt worden, daß die Lichtquelle, welche die Probe beleuchtet, praktisch für alle Spektralgebiete gleich viel Energie aussendet (sogenannte energiegleiche Beleuchtung), wie dies beim mittleren Sonnenlicht und beim Hochintensitätsbogenlicht praktisch der Fall ist.

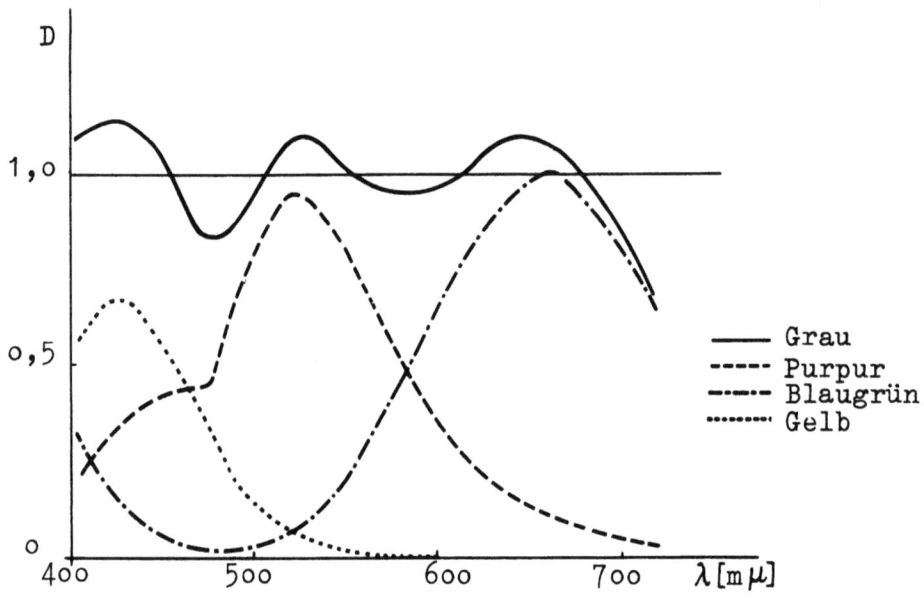

Abbildung 2
Spektrale Dichtefunktionen der Agfacolorfarbstoffe
und des daraus ermischbaren Grau

Bei den Agfacolorfarbstoffen ist die Annäherung an Unbunt schon sehr gut (Abb. 2). Es handelt sich beim Agfacolor-Verfahren bekanntlich um eine subtraktive Mischung oder, wie man anschaulicher sagen kann, um eine sogenannte subtraktive Siebung. Denn durch das aus drei Schichten bestehende Farbstoffbild entsteht der Farbeindruck durch Herausfiltern bestimmter Spektralgebiete aus dem weißen Projektionslicht. Unbunt wird dann entstehen, wenn in allen Spektralgebieten praktisch gleich viel durchgelassen wird, d.h. der Transmissionsgrad oder die daraus ableitbare optische Dichte D sich zu einem über das ganze sichtbare Spektralgebiet etwa konstanten Wert ergänzen. Bei einer derartigen Abstimmung der drei Farbstoffe in den Teilschichten kann man eine Grauskala praktisch farbstichfrei wiedergeben, wenn man gleiche Gradationen in den Teilbildern einhält. In geringem Maße treten dabei zwar Abweichungen auf; diese sind jedoch für praktische Verfahren ohne störenden Einfluß.

Bei additiven Reproduktionsverfahren entsteht der Farbeindruck bekanntlich durch das Übereinanderprojezieren von drei durch Schwarz-Weiß-Diapositive gesteuerte Farblichter, wobei die Diapositive über die Farbauszüge gewonnen werden. Es werden also Farblichter addiert und ein Unbunt entsteht dann, wenn bei der Mischung der Anteil des roten, grünen und blauen Farblichtes für die Empfängerelemente des menschlichen Auges gleich groß ist. Durch geeignete Wahl der Filter entsprechend der Lichtfarbe des Projektionslichtes läßt sich dies leicht erreichen. Bei Einhaltung von gleichen Gradationen in den Teilbildern kann eine Grauskala praktisch farbstichfrei wiedergegeben werden.

Beim Dreifarbenbuchdruck liegen hinsichtlich der Wiedergabe von Grautönen andere und schwierigere Verhältnisse vor, da die hier wirksame autotypische Farbmischung die subtraktive und additive Mischung gleichzeitig enthält. Die Schwierigkeiten wurden in letzter Zeit besonders anschaulich demonstriert durch den Skalendruck im Normblatt DIN 16508 für den Dreifarbenbuchdruck und durch die Mischtabellen der Farbordnung von HICKETHIER[2]. Dieselbe Erscheinung der Farbtonverschiebung tritt auch bei der autotypischen Mischung im Offsetdruck auf.

Wie oben bereits erwähnt, zeigt sich, daß bei Abstimmung auf ein Schwarz in der vollen Fläche bei Übereinanderdruck von Klischees mit gleicher Rasterpunktgröße bzw. gleichem bedruckten Flächenanteil im Druck in den Stufen einer Grauskala kein Grau erhalten wird, sondern eine deutliche Verschiebung nach Braun bis Rot auftritt. Über dieses zu starke Hervortreten des Rot klagt man auch im allgemeinen im Dreifarbenbuchdruck bei bildmäßigen Vorlagen, und man kann es nur durch manuelle Retusche vermeiden. Die Tatsache, daß auch im bildmäßigen Dreifarbendruck in den Mitteltönen leicht Farbverschiebungen nach Rot auftreten, weist darauf hin, daß die hier angestellten Betrachtungen nicht allein für die Reproduktion von Grautönen wichtig sind, die in den Bildvorlagen verhältnismäßig selten vorkommen, sondern auch allgemeine Bedeutung für den Dreifarbenbuchdruck haben.

## B. Grundlagen der autotypischen Farbmischung

Um die Verhältnisse, die zu der beobachteten Farbverschiebung führen, deuten zu können, muß man sich zunächst die Entstehung des Farbeindruckes beim Dreifarbenbuchdruck vor Augen führen und dabei berücksichtigen, welche optischen Eigenschaften die heute üblichen Druckfarben haben.

Für die autotypische Farbmischung werden bei der Herstellung der Farbauszüge durch Vorschalten eines Rasters die echten Halbtöne der Vorlage in unechte zerlegt, wie sie für den Druckprozeß erforderlich sind. Ein Teilbild besteht also aus einzelnen Rasterpunkten. Im Druck zeigen die einzelnen Rasterpunkte infolge Ausquetschens der Farbe am Rand eine Wulst, eine Erscheinung, deren Auswirkung noch näher betrachtet werden soll.

Bei Übereinanderdruck der Teilbilder entsteht die Mischfarbe für den Fall hochtransparenter Druckfarben an den Stellen, wo sich zwei oder drei Druckfarben überdecken, rein subtraktiv, d.h. in der gleichen Weise, als ob Farbfilter in den Strahlengang gesetzt würden. Hier absorbieren die Schichten der transparenten Druckfarben Teile des einfallenden und vom Papierweiß reflektierten Lichtes, werden also zweimal wirksam und erzeugen so die subtraktive Mischung. Die idealen Druckfarben eines Dreifarbenbuchdruckes entsprechen also denen eines subtraktiven Verfahrens und sie sollen daher für diese Betrachtungen entgegen dem üblichen Sprachgebrauch im graphischen Gewerbe in der physikalischen Betrachtungsweise mit Gelb, Purpur und Blaugrün bezeichnet werden. Im Übereinanderdruck der drei Teilbilder sind wie in Abbildung 3 schematisch angedeutet außer den drei Grundfarben noch folgende Elemente vorhanden: als Zusammendruck von je zwei Druckfarben die Mischfarben 1. Ordnung (rote, grüne und blaue Elemente) und an Stellen, wo sich die drei Grundfarben überdecken die Mischfarbe 2. Ordnung (Schwarz). Zu diesen Elementen tritt noch das unbedruckte Papier hinzu, so daß insgesamt acht verschiedene Bildelemente vorhanden sind. Infolge der Kleinheit der Elemente kann diese das Auge nicht mehr auflösen und sie mischen sich daher additiv zu einem einheitlichen Farbeindruck.

C. Deutung der Schwierigkeiten der Grauwiedergabe aus den Eigenschaften der Druckfarben

Daß sich der Farbeindruck im Dreifarbenbuchdruck additiv aus acht Bildelementen zusammensetzt, wird durch die sogenannte NEUGEBAUER-Gleichung ausgedrückt, die in den USA für die elektronische Farbkorrektur praktisch angewandt wird. An Hand dieser Gleichung hat NEUGEBAUER[3] bereits darauf hingewiesen, daß man bei Übereinanderdruck drei gleicher Klischees zwangsläufig eine Farbtonverschiebung nach Braun bis Rot erhält, wenn man reale Druckfarben verwendet.

In der NEUGEBAUER-Gleichung werden die Farbvalenzen der acht Bildelemente der autotypischen Mischung in bestimmten Anteilen additiv gemischt dargestellt. Die Größe der Anteile richtet sich danach, welcher Flächenanteil in den Teildrucken mit Druckfarbe bedeckt ist.

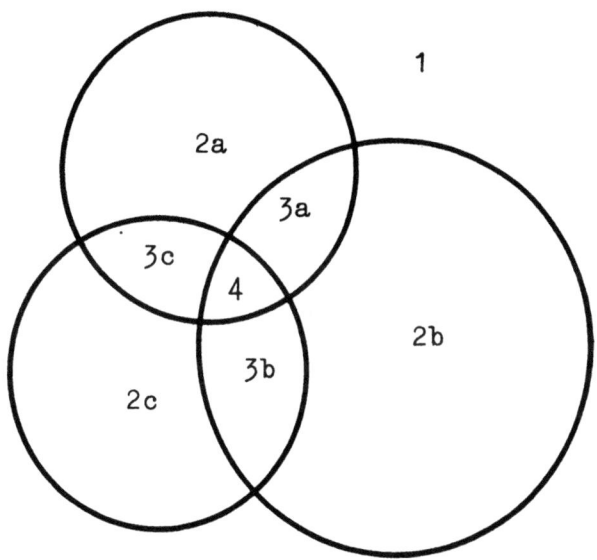

1 Papierweiß   3 Mischfarben 1. Ordnung
2 Druckfarben  4 Mischfarbe  2. Ordnung

A b b i l d u n g   3
Bildelemente der autotypischen Mischung

Auf Grund von Betrachtungen der Wahrscheinlichkeitsrechnung konnte NEUGEBAUER zwischen den bedruckten Flächenanteilen der Teildrucke j (Gelbdruck), m (Purpurdruck) und c (Blaugründruck), den Farbvalenzen der Bildelemente und der Farbvalenz der resultierenden autotypischen Mischung folgenden Zusammenhang aufstellen[4].

(1) $\mathfrak{F} = (1-j)(1-c)(1-m)\mathfrak{W} + j(1-m)(1-c)\mathfrak{J}$
$+ (1-j)m(1-c)\mathfrak{M} + (1-j)(1-m)c\,\mathfrak{C} + jm(1-c)\mathfrak{R}$
$+ j(1-m)c\,\mathfrak{G} + (1-j)mc\,\mathfrak{B} + jmc\mathfrak{S}$

Die Farbvalenz $\mathfrak{F}$ einer Mischfarbe läßt sich nach dieser Gleichung aus den Farbvalenzen der Bildelemente und der bedruckten Flächenanteile der Teildrucke ermitteln. Soll sich als Ergebnis der Mischung ein Grau ergeben, so muß der resultierende Vektor für die Farbvalenz in Richtung des sogenannten Unbuntvektors fallen. Der Unbuntvektor gibt die räumliche Darstellung für den Farbeindruck Grau.

Stellt man die drei Druckformen für das gelbe, purpurne und blaugrüne Teilbild gleichmäßig her, so wird $j = m = c = \varphi$ und man erhält für den Zusammendruck, von dem man annehmen müßte, daß er ein neutrales Grau ergibt:

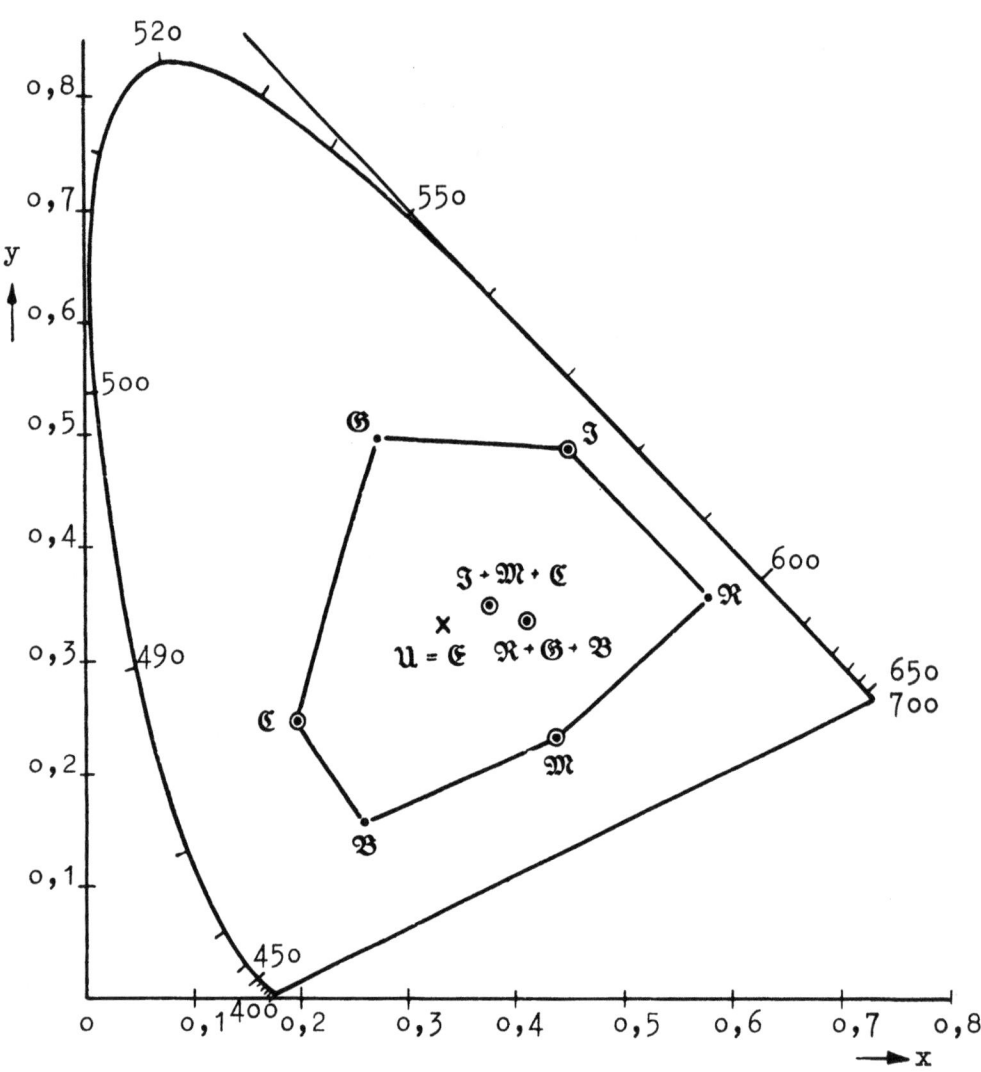

Abbildung 4

Lage der additiven Mischung der Grundfarben und Mischfarben 1. Ordnung in der Farbtafel

(2) $$\mathfrak{F} = (1 - \varphi)^3\, \mathfrak{W} + \varphi(1-\varphi)^2\, \{\mathfrak{I} + \mathfrak{M} + \mathfrak{C}\} + \varphi^2(1-\varphi)\, \{\mathfrak{R} + \mathfrak{G} + \mathfrak{B}\} + \varphi^3\, \mathfrak{S}$$

Grau kann dies nur ergeben, wenn sämtliche Glieder zusammengefaßt einen Vektor darstellen, der im Farbenraum in Richtung des Unbuntvektors, d.h. in Richtung der Verbindungsgeraden zwischen Schwarz- und Weißpunkt liegt. Das Papierweiß soll als Bezugspunkt ein neutrales Weiß sein, der Übereinanderdruck der drei Grundfarben kann bei geeigneter Wahl ebenfalls als neutrales Schwarz angesehen werden. Unter Berücksichtigung dieser Vereinfachung wird im Druck dann Unbunt erreicht, wenn die restlichen beiden Vektoren in Gleichung (2), für die Grundfarben und Mischfarben 1. Ordnung,

Forschungsberichte des Wirtschafts- und Verkehrsministeriums Nordrhein-Westfalen

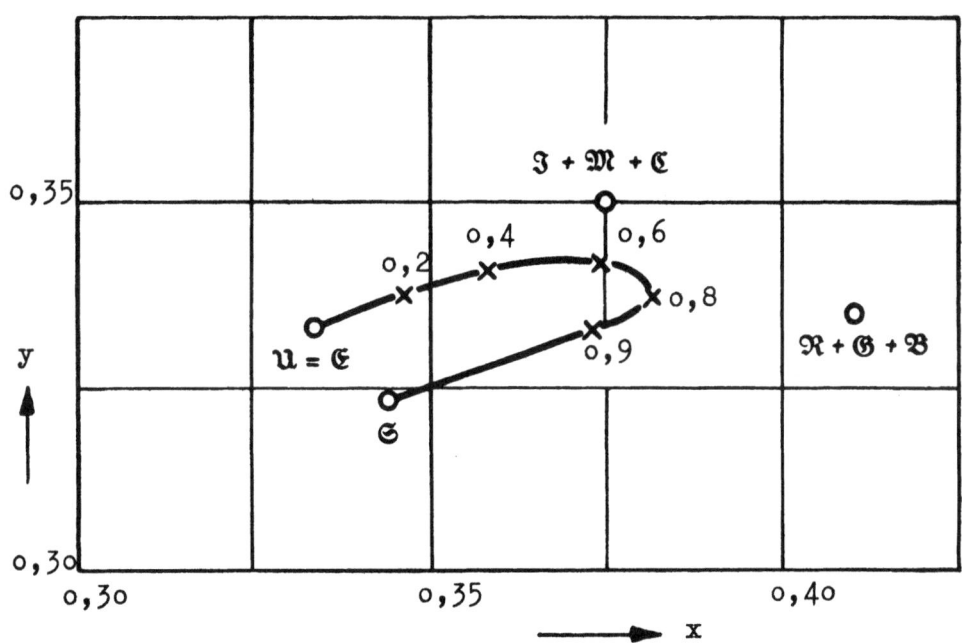

Abbildung 5
Farbtafelausschnitt mit den Farborten einer Skala
bei gleicher Rasterpunktgröße

einen resultierenden Vektor ergeben, der in der Richtung des Weißvektors liegt. Die Summe der beiden Vektoren zeigt jedoch eine wesentliche Verschiebung nach Rot, da sowohl die additive Mischung der Grundfarben 𝔍 + 𝔐 + ℭ als auch der Mischfarben 1. Ordnung ℜ + 𝔅 + 𝔊 nach Rot verschoben sind.

In Abbildung 4 ist die Lage der additiven Farbmischung der Grundfarben und Mischfarben 1. Ordnung in der Farbtafel für eine Druckfarbenskala dargestellt, die hinsichtlich der optischen Erscheinung der genormten Skala für den Dreifarbenbuchdruck entspricht. In die Darstellung sind auch die Farbwertanteile der Grundfarben und Mischfarben 1. Ordnung dieser Skala eingetragen. Das Papierweiß wurde als Bezugspunkt in den Unbuntpunkt verlegt.

In Abbildung 5 sind in einem Ausschnitt der Farbtafel (vgl. Abb. 4) die Farborte des Skalendruckes bei gleicher Rasterpunktgröße eingetragen. Die Punkte sind mit dem bedruckten Flächenanteil beziffert. Es zeigt sich, daß die Farbe für kleine bedruckte Flächenanteile annähernd mit der additiven Mischfarbe der drei Grundfarben zusammenfällt. Für größere bedruckte Flächenanteile biegt der Verlauf der Reihe nach dem Farbort der additiven Mischung der Mischfarben 1. Ordnung um, ohne auch diesen zu erreichen, da

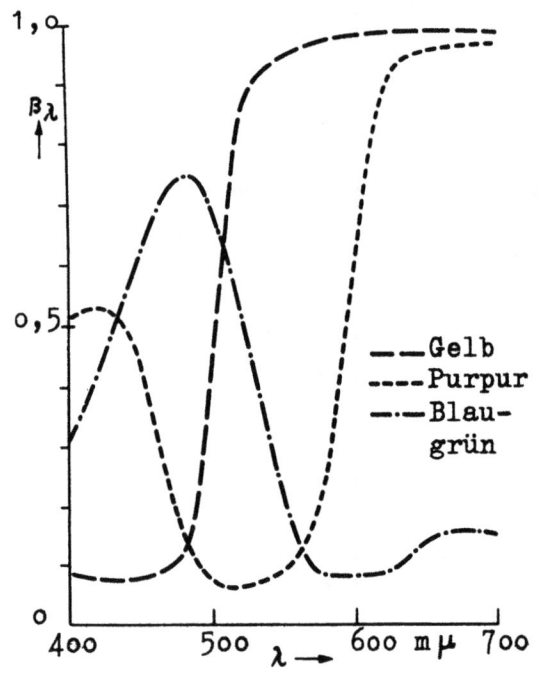 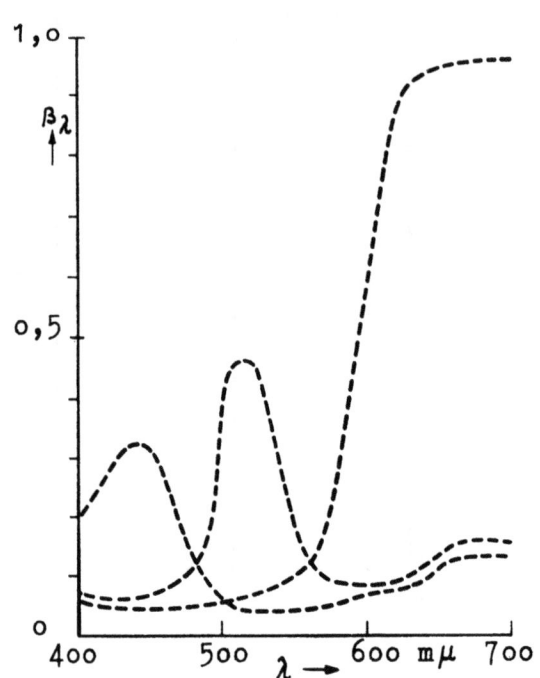

Abbildung 6
Spektrale Remissionsfunktionen der Grundfarben

Abbildung 7
Spektrale Remissionsfunktionen der Mischfarben 1. Ordnung

die Faktoren in der Gleichung (2) stets kleiner als 1 bleiben. Für hohe bedruckte Flächenanteile läuft die Reihe auf den Punkt der Mischfarbe 2. Ordnung (Schwarz) zu. Dieser ist nicht mit dem Unbuntpunkt identisch, da man das Schwarz bei der Farbskala etwas nach Rot verschoben wählt, um dadurch "wärmere" Tiefen zu erhalten.

Eine anschauliche Deutung der Farbtonverschiebung kann man sich leicht aus den sogenannten Remissionskurven (Abb. 6 und 7) überlegen, die an den Grundfarben und Mischfarben 1. Ordnung einer Farbenskala gemessen wurden, welche die Anforderungen an die Normskala erfüllt. Die Remissionskurve erhält man, wenn man den Remissionsgrad für die verschiedenen Spektralgebiete aufträgt. Der Remissionsgrad ist dabei gegeben durch das Verhältnis des von der Probe diffus reflektierten spektralen Lichtes zu dem vom unbedruckten Papier remittierten Licht.

Zur Vereinfachung des Gedankenganges sollen zwei Sonderfälle des Übereinanderdruckes von drei Teilbildern betrachtet werden. Der erste Fall ist der kleiner bedruckter Flächenanteile, bzw. kleiner Rasterpunktgröße. Man stellt fest, daß die Rasterpunkte vorwiegend nebeneinander liegen und solche Bildstellen also eine additive Mischung der drei Grundfarben zeigen.

Forschungsberichte des Wirtschafts- und Verkehrsministeriums Nordrhein-Westfalen

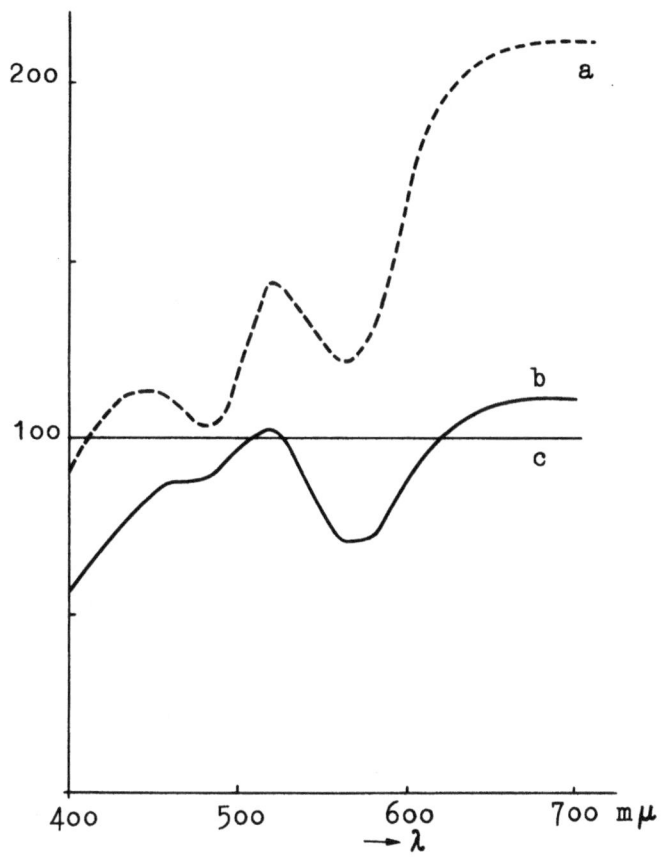

A b b i l d u n g  8
Additive Mischung der Grundfarben

Im zweiten Falle, bei großen bedrucktem Flächenanteil, treten vorzugsweise die Mischfarben 1. Ordnung auf.

Betrachtet man zunächst den ersten Fall, bei dem in der Hauptsache Rasterpunkte der drei Grundfarben nebeneinander gedruckt vorliegen. Das Auge mischt die Punkte infolge ihrer Kleinheit additiv. Der Eindruck eines Unbunt kann nur dann entstehen, wenn die von den gelben, purpurnen und blaugrünen Teilbildern hervorgerufenen Farblichter gleich stark zur additiven Mischung beitragen. Die Remissionskurven zeigen jedoch, daß unter Voraussetzung einer angenähert energiegleichen Beleuchtung in der additiven Mischung ein starkes Übergewicht des roten Spektralgebietes gegenüber dem blauen auftritt. Dies zeigt sich besonders deutlich, wenn man das Ergebnis der additiven Mischung der Farblichter der Grundfarben graphisch darstellt (Kurve a in Abb. 8). Nur im Falle von Optimalfarben - das sind Farben mit einem Remissionsgrad, der im Spektralgebiet der Absorption gleich Null, im Spektralgebiet des Durchlasses gleich 100 % ist

(Kurve c in Abb. 8) -, würde sich als additive Mischung Unbunt als Echtgrau ergeben, und man würde in allen Stufen der Skala bei gleicher Rasterpunktgröße der Teilbilder Grau erhalten. Da jedoch die realen Druckfarben wesentlich vom Charakter der Optimalfarben abweichen und alle in der Praxis verwendeten Druckfarben etwa die in Abbildung 6 gezeigten charakteristischen Remissionskurven aufweisen, d.h. hoher Remissionsgrad von Gelb und von Purpur im Rot und niedriger Remissionsgrad von Blaugrün und von Purpur im blauen Spektralgebiet, treten diese Schwierigkeiten stets auf und es gibt bisher keine Farbskalen, bei denen diese Mängel nicht vorhanden sind.

Besonders deutlich zeigt sich das Übergewicht des roten Spektralgebietes bei den Mischfarben erster Ordnung, deren additive Mischung man in dem zweiten Sonderfall hoher bedruckter Flächenanteile betrachten muß. Schon Betrachtung des Farbortes für die additive Mischung der Mischfarben 1. Ordnung (Abb. 4) fiel auf, daß für diesen Fall die Rotverschiebung besonders stark ist. Der Grund hierfür läßt sich leicht aus den Remissionskurven der Mischfarben 1. Ordnung erkennen, da die Mischfarben Blau und Grün gegenüber Rot eine sehr starke Verschwärzlichung zeigen. Da es sich auch in diesem Falle um eine Rotverschiebung handelt, erklärt sich die etwa konstante Farbtonverschiebung über die ganze Skala von kleinen bis zu hohen Werten des bedruckten Flächenanteiles.

Es hat sich somit gezeigt, daß die __Farbtonverschiebung bei Übereinanderdruck von drei gleichen Klischees eine Gesetzmäßigkeit der autotypischen Farbmischung__ ist, wenn man reale Druckfarben benutzt. Um die Farbverschiebungen zu vermeiden, bleibt nur die Möglichkeit einer Korrektur. Es muß die Intensität von Gelb und Purpur bei der additiven Mischung so herabgesetzt werden, daß ein Unbunt möglichst gut angenähert wird (Kurve b in Abb. 8). Beim Dreifarbenbuchdruck erreicht man dies dadurch, daß die Rasterpunktgrößen des gelben und purpurnen Teilbildes herabgesetzt werden und zwar soweit, daß sich ein Unbunt in den einzelnen Stufen ergibt.

Zur Abstimmung auf Grau für die autotypische Farbmischung des Dreifarbenbuch- und Offsetdruckes muß daher im Gegensatz zu den Verfahren der additiven und subtraktiven Farbenphotographie eine besondere Graubedingung eingeführt werden, welche man in folgender Form ausdrücken kann:

*Forschungsberichte des Wirtschafts- und Verkehrsministeriums Nordrhein-Westfalen*

Um im Dreifarbenbuchdruck durch additive Mischung der Bildelemente ein neutrales Grau zu erhalten, muß die Größe der Rasterpunkte bzw. der bedruckten Flächenanteile in den Teilbildern je nach Grauhelligkeit verschieden abgestimmt werden.

### III. Die charakteristischen Kurven der Teilbilder für den Dreifarbenbuchdruck

#### A. Methoden zur Bestimmung der charakteristischen Kurven

Es war gezeigt worden, daß im Dreifarbenbuchdruck, um die Teilbilder auf Unbunt abzustimmen, die Rasterpunktgrößen von Gelb und Purpur gegenüber denen im blaugrünen Teilbild herabgesetzt werden müssen. Wie weit man die Rasterpunktgrößen zueinander verändern muß, kann man zunächst für die beiden Sonderfälle an einem einfachen Versuch zeigen.

Dazu muß man sich überlegen, daß man das Papierweiß angenähert als ein ideales Weiß ansehen kann. Die Abweichungen der üblichen holzfreien Kunstdruckpapiere vom idealen Weiß sind vernachlässigbar klein gegenüber den Korrekturen zur Einhaltung der Graubedingung. Ebenso kann man den Übereinanderdruck aller drei Grundfarben angenähert als neutrales Schwarz ansehen.

Man kann sich daher darauf beschränken, die restlichen sechs Bildelemente (drei Grundfarben und drei Mischfarben) auf Unbunt abzustimmen. In dem ersten Sonderfall kleiner bedruckter Flächenanteile kann man sich Sektoren der Grundfarben auf einen Kreisel aufspannen und bei Rotation dieser Sektoren die additive Mischung der Rasterpunkte nachbilden. Wählt man die drei Sektoren gleich groß (Abb. 9a), das entspricht drei Klischees mit gleicher Rasterpunktgröße, so erhält man die übliche bräunliche bis rötliche Farbtonverschiebung. Erst wenn man die Sektoren für Gelb und Purpur erheblich herabsetzt (Abb. 9b), erhält man ein Grau. Und zwar ergibt sich Unbunt, wenn man das Sektorenverhältnis von Gelb zu Purpur zu Blaugrün etwa wie 0,5 : 0,5 : 1 wählt. Der genaue Wert schwankt etwas mit der Lichtfarbe des beleuchtenden Lichtes.

Die Abbildung 10 zeigt die Abhängigkeit der Sektoreneinstellung für Grauabgleich von der Farbtemperatur der Beleuchtungslichtquelle. Ein Sektorenverhältnis von 0,5 : 0,5 : 1 für Gelb : Purpur : Blaugrün ist danach gültig

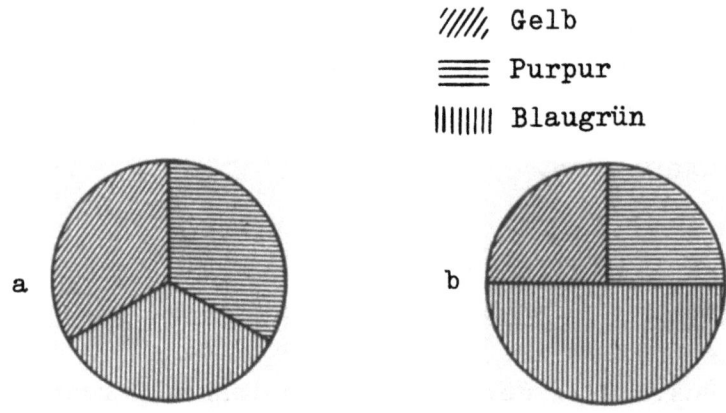

Abbildung 9
Kreiselversuch

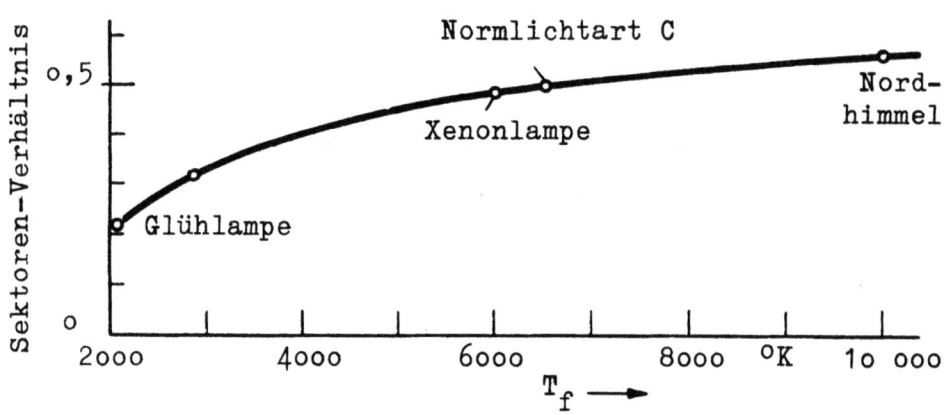

Abbildung 10
Sektorenverhältnis zur Ermischung von Grau bei verschiedener
Farbtemperatur der Beleuchtung

für Tageslichtbeleuchtung, d.h. in einem Farbtemperaturbereich von etwa 5000 bis 6000°K. In die Abbildung sind die genauen Meßwerte für eine Beleuchtung mit Normlichtart C (etwa 6500°K) und einer Xenonlampe mit einer gemessenen Farbtemperatur von 6000°K eingetragen. Wird der Versuch bei einer Beleuchtung mit stärkerem Blaugehalt (am Nordfenster bei klarem Himmel, FT etwa 10 000°K) ausgeführt, so wird bereits mit einem Verhältnis von 0,56 : 0,56 : 1 Unbunt erreicht. Benutzt man dagegen für die Beleuchtung Glühlampenlicht (FT 2850°K bzw. 2048°K), so darf der Anteil von Gelb und Purpur nur noch 32 % bzw. 22 % des blaugrünen Teilbildes betragen. Es zeigt sich somit, daß im Bereich hoher Farbtemperaturen,

*Forschungsberichte des Wirtschafts- und Verkehrsministeriums Nordrhein-Westfalen*

wo nur geringe Abweichungen von der energiegleichen Beleuchtung auftreten, die Einstellung für Ermischung eines Grau nur wenig variiert. Bei Farbtemperaturen unterhalb 5000°K, bei denen sich die Energieverteilung bei abnehmender Farbtemperatur wesentlich stärker ändert, tritt auch eine stärkere Verschiebung der Sektoreneinstellung für Abstimmung auf Grau zutage.

Der andere Sonderfall ist der hoher bedruckter Flächenanteile. Hier treten in der Hauptsache die Mischfarben 1. Ordnung auf.

Spannt man solche Flächenandrucke auf den Kreisel, so bestätigen sich die Betrachtungen, die an Hand der Remissionskurve aufgestellt wurden. Erst, wenn man den Rotanteil erheblich herabsetzt, kann man ein Unbunt erzielen. Schlüsse auf das dafür notwendige Rasterpunktverhältnis lassen sich in diesem Falle nicht ziehen.

Die Bestimmung des Sektoren- bzw. Rasterpunktverhältnisses mit dem Kreisel führt zwar die Verhältnisse der additiven Mischung der Rasterpunkte sehr anschaulich vor Augen, eine exakte Meßmethode stellt dieses Verfahren jedoch nicht dar. Es kann zwar Hinweise geben, wie groß das Rasterpunktverhältnis etwa sein muß, eine exakte Bestimmung der Rasterpunktgrößen für die Reproduktion einer Grauskala ist auf diesem Wege nicht möglich, da es für das Rasterpunktverhältnis nur einen bestimmten Wert ergibt. Wie eine exakte rechnerische Ermittlung der Rasterpunktgrößen jedoch zeigt, ändert sich das Verhältnis mit der Helligkeit der Graustufe.

Das gleiche gilt auch für ein Verfahren, daß praktisch nach demselben Prinzip arbeitet (Patent der AGFA, Leverkusen). Man bringt in den einen Strahlengang eines Pulfrich-Photometers drei Felder der Farbskala, deren Größe meßbar verändert werden kann (Abbildung 11). In den anderen Strahlen-

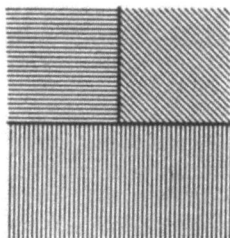

A b b i l d u n g   11
Nachmischen von Grau

gang bringt man das nachzumischende Grau. Durch Veränderung der im Strahlengang wirksamen Größe der Felder kann man Unbunt nachmischen. Auf Helligkeit wird durch die Blende des Photometers abgestimmt. Aus der Größe der Felder kann man auf das notwendige Rasterpunktverhältnis schließen. Wie beim Kreiselversuch erhält man für alle Stufen der Grauskala das gleiche Rasterpunktverhältnis. Dies ist jedoch, wie die exakte Berechnung zeigen wird, eine nicht zulässige Vereinfachung.

Das Verfahren des Nachmischens mit den Sektoren eines Kreisels oder mit den Farbfeldern im Pulfrich-Photometer gestattet es jedoch, schnell und ohne zeitraubende Rechnung für jede beliebige Farbskala das ungefähre Rasterpunktverhältnis abzuschätzen. Ferner kann man wie oben gezeigt wurde, sehr anschaulich den Einfluß verschiedener beleuchtender Lichtquellen (Tageslicht, Glühlampenlicht, usw.) studieren. Außerdem kann man feststellen, wie groß Abweichungen in der Rasterpunktgröße sein dürfen, ohne daß sich störende Abweichungen von Unbunt bemerkbar machen. Es wurde mit Hilfe dieser Methode festgestellt, daß eine Veränderung des Rasterpunktverhältnisses um etwa 5 % bereits eine deutliche störende Farbtonverschiebung verursachen kann.

Mit der beschriebenen Methode des Nachmischens am Kreisel läßt sich das für Abstimmung auf Grau notwendige Rasterpunktverhältnis nur für kleine bedruckte Flächenanteile bestimmen. Es interessierte natürlich, den genauen Verlauf des Verhältnisses der Rasterpunktgrößen bzw. bedruckten Flächenanteile im Druck für die Reproduktion einer Grauskala zu kennen. Dieses Problem kann rechnerisch für eine bestimmte Farbskala gelöst werden, wenn deren Grundfarben und Mischfarben 1. Ordnung hinsichtlich der optischen Erscheinung festgelegt sind. Der Berechnung liegen die Farbmaßzahlen der Normfarbenskala für den Dreifarbenbuchdruck nach DIN 16508 bei Normlichtart C zugrunde.

Die folgenden Ausführungen sind für das Allgemeinverständnis der praktischen Ergebnisse nicht unbedingt erforderlich und können daher im gegebenen Falle übergangen werden.

Der Weg, der beschritten werden muß, um die bedruckten Flächenanteile in den Teilbildern für eine farbstichfreie Wiedergabe einer Grauskala zu berechnen, kann aus der Graubedingung abgelesen werden, die man zu diesem Zweck in eine vektorielle Form bringt. Sie lautet dann:

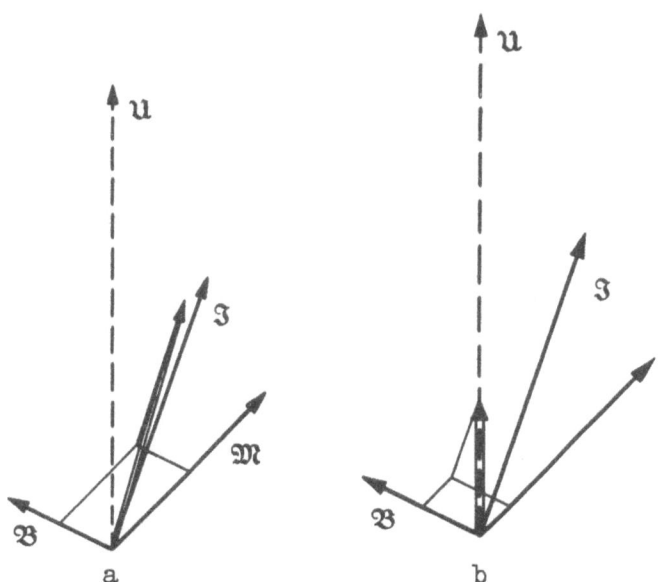

Abbildung 12

Schema der Korrektur der Anteile der Grundfarben

Um im Dreifarbenbuchdruck ein neutrales Grau zu erhalten, müssen die Vektoren, welche die Farbvalenzen der Bildelemente darstellen, in solchen Anteilen addiert werden, daß der resultierende Vektor in die Richtung des Unbuntvektors fällt.

Zu einer angenäherten Lösung des Problems kommt man, wenn man wiederum den Sonderfall kleiner und großer bedruckter Flächenanteile betrachtet. Den Einfluß von Papierweiß braucht man nicht zu berücksichtigen, da die Farbmaßzahlen der Farbskala so bestimmt wurden, als ob der Beobachter sich auf das Papierweiß adaptiert habe, d.h. der Farbort von Papierweiß in der Farbtafel wurde in dem Unbuntpunkt verlegt.

Für den Fall kleiner bedruckter Flächenanteile braucht man nur die Farbvalenzen der Grundfarben der Farbskala zu betrachten. Grau wird dann erzielt werden, wenn nicht, wie in Abbildung 12a gezeigt, gleiche Anteile gemischt werden, sondern durch geeignete Wahl der Anteile eine Mischung erhalten wird, deren räumliche Darstellung in Richtung des Unbuntvektors fällt (Abb. 12b).

Der mathematische Zusammenhang für diesen Fall, der auch beim Kreiselversuch benutzt wird, lautet:

$$j\,\mathfrak{J} + m\,\mathfrak{M} + c\,\mathfrak{C} = \mathfrak{R},$$

*Forschungsberichte des Wirtschafts- und Verkehrsministeriums Nordrhein-Westfalen*

wobei $\mathfrak{R}$ der resultierende Vektor der additiven Mischung ist. Diese Gleichung erhält man aus der NEUGEBAUER-Gleichung für sehr kleine bedruckte Flächenanteile. Für die hier angestellten Berechnungen wurde jedoch angenommen, daß zwar in der Hauptsache die Elemente der Grundfarben wirksam werden, jedoch die bedruckten Anteile gegen 1 nicht vernachlässigbar klein sind. Es wurde daher die Bedingung für ein neutrales Grau nach der NEUGEBAUER-Gleichung in folgender Form aufgestellt:

$$(3) \quad j(1-m)(1-c)\mathfrak{J} + (1-j)m(1-c)\mathfrak{M} + (1-j)(1-m)c\mathfrak{C} = \mathfrak{R}$$

Hierin müssen die bedruckten Flächenanteile j, m und c so gewählt werden, daß $\mathfrak{R}$ in Richtung des Unbuntvektors zeigt, d.h. die Normfarbwerte X, Y, Z von $\mathfrak{R}$ müssen gleich groß sein.

In den der Gleichung (3) entsprechenden drei skalaren Gleichungen stehen die für die Normlichtart C berechneten Farbwerte von $\mathfrak{J}$, $\mathfrak{M}$ und $\mathfrak{C}$. Der unbekannte Farbwert von $\mathfrak{R}$ wird mit K bezeichnet:

$$(4) \quad \begin{aligned} j(1-m)(1-c)\,79{,}4 + (1-j)m(1-c)\,48{,}8 + (1-j)(1-m)c\,22{,}o &= K \\ j(1-m)(1-c)\,86{,}3 + (1-j)m(1-c)\,26{,}2 + (1-j)(1-m)c\,27{,}5 &= K \\ j(1-m)(1-c)\,11{,}7 + (1-j)m(1-c)\,36{,}7 + (1-j)(1-m)c\,61{,}8 &= K \end{aligned}$$

Zur Lösung des Gleichungssystems (4) kann man die drei Produkte mit den gesuchten Größen j, m und c als Unbekannte auffassen und nach diesen auflösen. Man erhält dann folgendes Gleichungssystem:

$$(5) \quad \begin{aligned} j(1-m)(1-c) &= C_1 \cdot K \\ (1-j)m(1-c) &= C_2 \cdot K \\ (1-j)(1-m)c &= C_3 \cdot K \end{aligned}$$

Bei vorgegebenem Wert des bedruckten Flächenanteiles c des blaugrünen Teilbildes kann man durch entsprechende Kombinationen aus (5) Bestimmungsgleichungen für j und m gewinnen. Man erhält Gleichungen von der Form

$$(6) \quad j \text{ bzw. } m = \frac{1}{1 + \frac{1-c}{c}k}$$

wobei k sich als Verhältnis der in den Gleichungen (5) auftretenden Konstanten $C_1$ ergibt. Diese Beziehung führt zu dem charakteristischen durch-

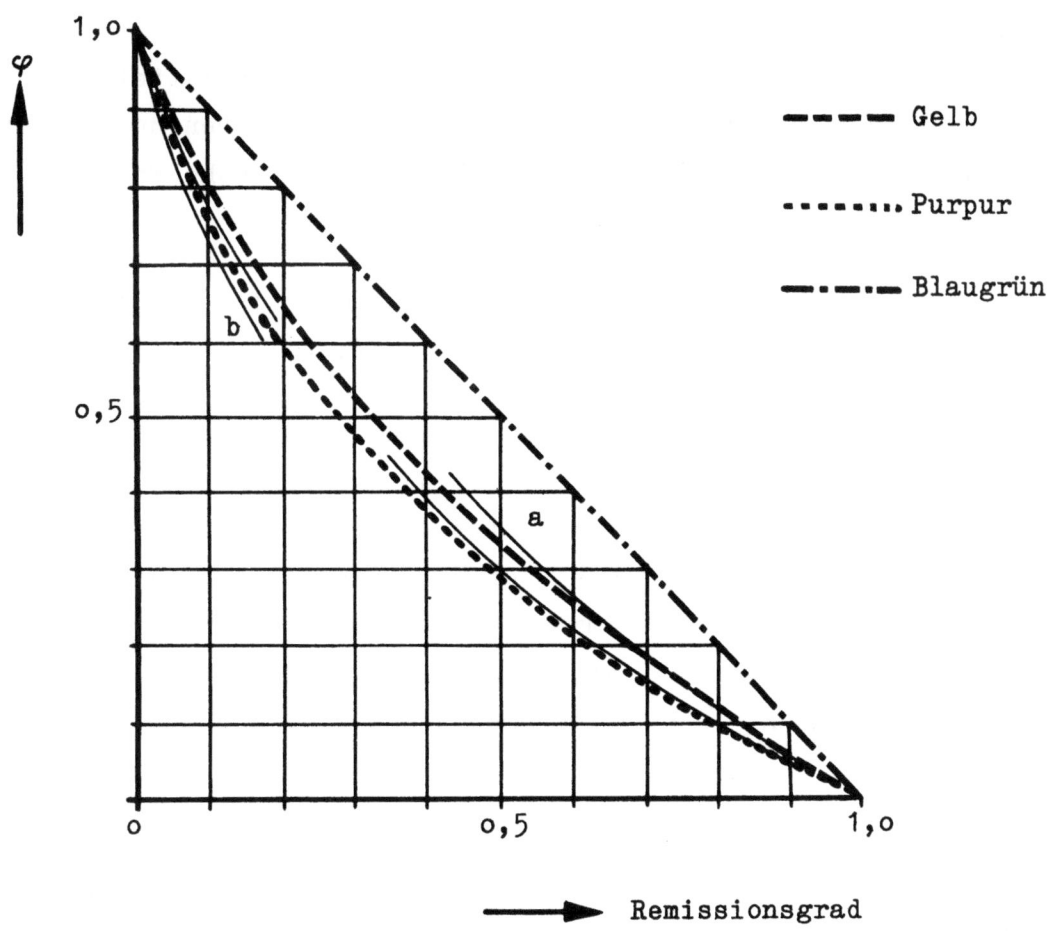

Abbildung 13
Charakteristische Kurven für die autotypische Mischung

gebogenen Verlauf von j und m für verschiedene Helligkeitswerte des Grau, wenn man für c eine lineare Abhängigkeit annimmt (Kurven a in Abb. 13). Bei dieser Annahme stimmen die auf der Abszisse angegebenen Helligkeitswerte in guter Näherung mit dem Druckausfall überein. Führt man die gleiche Überlegung für die additive Mischung der Mischfarben 1. Ordnung durch, so erhält man die notwendige Korrektur für die Bereiche mit guter Näherung, in denen die Wahrscheinlichkeit für das Vorhandensein von Übereinanderdrucken der Grundfarben, d.h. von Stellen mit Mischfarben 1. Ordnung, besonders groß ist, also für große Werte des bedruckten Flächenanteiles. Wie man infolge der größeren Farbverschiebung für die Mischfarben 1. Ordnung erwartet, sind die aus der Graubedingung berechneten Kurven in diesem Bereich stärker durchgebogen (Kurven b in Abb. 13).

Der insgesamt notwendige Verlauf der drei bedruckten Flächenanteile wird zwischen diesen beiden Grenzkurven liegen und sich für kleine bedruckte

Anteile an die Kurven a, für große Anteile an die Kurven b anschmiegen. Um den interessierenden Gesamtverlauf rechnerisch zu ermitteln, muß man verlangen, daß die additive Mischung der drei Grundfarben und der drei Mischfarben 1. Ordnung ein Grau ergibt. Die mathematische Formulierung dafür lautet in Vektorschreibweise:

$$(7) \quad j(1-m)(1-c)\mathfrak{J} + (1-j)m(1-c)\mathfrak{M} + (1-j)(1-m)c\mathfrak{C}$$
$$+ jm(1-c)\mathfrak{R} + j(1-m)c\mathfrak{G} + (1-j)mc\mathfrak{B} = \mathfrak{K}$$

Die Auflösung des Gleichung (7) entsprechenden skalaren Gleichungssystems bereitet einige Schwierigkeiten, die aber überwunden werden, wenn man folgendes Verfahren anwendet. Man benutzt die Tatsache, daß man bei Annahme eines linearen Verlaufes des bedruckten Anteiles c in Abhängigkeit von der Helligkeit für ein bestimmtes gesuchtes Verhältnis von j, m und c dem Anteil c einen bekannten festen Wert zuordnen kann. Man kann damit die Glieder in Gleichung (7) so zusammenfassen, daß man diese in folgende Form bringen kann:

$$(8) \quad jA + mB + jmC = \mathfrak{K} - D$$

Die Größen A, B, C und D sind bei einer bestimmten Wahl von c bekannte, feste Größen. $\mathfrak{K}$ ist hier wiederum der Vektor, der sich aus der additiven Mischung der drei Grundfarben und der drei Mischfarben 1. Ordnung bei geeigneter Wahl von j, m und c in Richtung des Unbuntvektors ergibt und zunächst unbekannt ist.

Man löst nun für einen bestimmten Wert von c das der Gleichung (8) entsprechende skalare Gleichungssystem nach j, m und dem Produkt j · m auf und erhält dabei drei Gleichungen von der Form

$$(9) \quad j, m \text{ bzw. } j \cdot m = C_{1i} K + C_{2i}$$

wobei i = 1, 2, 3, für j, m, j · m.

Faßt man die drei Gleichungen (9) zusammen, so ergibt sich eine quadratische Gleichung zur Bestimmung des Wertes von K. Nach Kenntnis des Betrages K des von der additiven Mischung gebildeten Vektor $\mathfrak{K}$ kann man aus den Gleichungen (9) für den vorgegebenen Wert des bedruckten Flächenanteils c die Werte für j und m bestimmen.

Wiederholt man die Berechnung für verschiedene Werte von c, so erhält man für die Rasterpunktgrößen bei Reproduktion einer Grauskala einen Kurvenzug, der sich an die für die Sonderfälle berechneten Kurven gut anschmiegt. Allerdings ist hierzu ein beträchtlicher Rechenaufwand erforderlich, der sich jedoch lohnen dürfte, wenn es sich wie in diesem Falle um eine festgelegte Druckfarbenskala handelt. Das Ergebnis der Berechnung für die in dieser Arbeit verwendeten Normfarbenskala zeigt ebenfalls Abbildung 13.

> Soll der Verlauf der bedruckten Flächenanteile für eine andere Farbskala berechnet werden, so muß man natürlich zunächst die Farbwerte von Grund- und Mischfarben bei Abstimmung auf Schwarz ermitteln und mit diesen Werten die Berechnung neu ausführen. Qualitativ ändert sich dabei an dem Kurvenbild für den Zusammenhang von bedrucktem Flächenanteil und Helligkeit der Grauskala nichts, da die verschiedenen Druckfarbenskalen stets einen ähnlichen Verlauf in den Remissionsfunktionen aufweisen. Lediglich die Durchbiegung der Kurven dürfte sich für eine andere Wahl der Druckfarbenskala (z.B. ein rötliches Purpur usw.) etwas ändern.

In einem großen Bereich stimmen die für die Sonderfälle berechneten Kurven, die ebenfalls in Abbildung 13 eingezeichnet sind, praktisch mit den exakt berechneten überein, so daß man in einem großen Gebiet etwa bis Kreuzlage mit der Näherungsrechnung auskommt.

Wie das Ergebnis der Berechnung (Abb. 13) zeigt, ist der mit dem Kreiselversuch gefundene Wert nur in einem sehr kleinen Bereich richtig. Nur zwischen Weiß und einem Grau von etwa 80 % Remissionsgrad darf zur Erzielung eines Grau die Rasterpunktgröße von Gelb und Purpur bis auf 50 % der von Blaugrün herabgesetzt werden. Für höhere Schwärzungswerte der Graustufe ist diese starke Korrektur nicht nötig, und man kommt mit einer wesentlich geringeren Verminderung der Rasterpunktgröße aus, wie dies Abbildung 14 zeigt, in der die Verminderung der Rasterpunktgröße von Gelb und Purpur gegenüber Blaugrün für die Stufen der Grauskala in Prozent angegeben ist. Es ist somit gezeigt, daß die Meßmethode durch Nachmischen mit den Grundfarben nur in einem sehr kleinen Bereich richtige Werte ergibt und daher, wie oben bereits angeführt, nur für Vergleichsversuche anwendbar ist.

Aus den berechneten Kurven kann man folgende für die Praxis wichtige Tatsache ablesen: Soll bei einem Druck mit der Normskala für den Dreifarben-

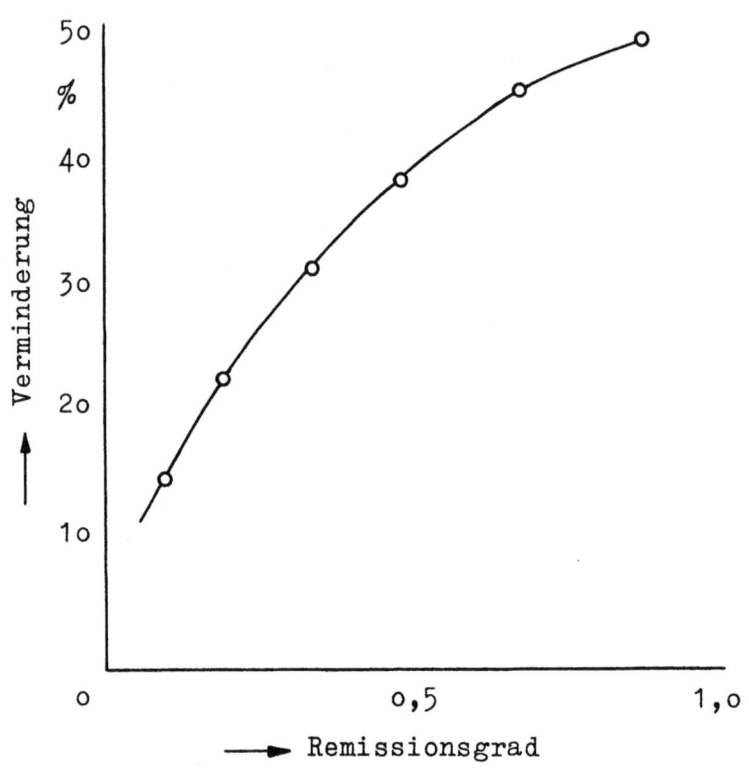

Abbildung 14
Verminderung der Rasterpunktgröße von Gelb und Purpur
gegenüber Blaugrün

buchdruck ein Grau entstehen, z.B. ein Grau vom Remissionsgrad 5o %, so muß ein blaugrünes Teilbild mit einem bedruckten Flächenanteil von etwa o,5 mit einem gelben Teilbild mit o,33 und einem purpurnen Teilbild von o,28 bedruckten Flächenanteil kombiniert werden. Oder, wenn man sich überlegt, daß die Werte für das gelbe und purpurne Teilbild nur wenig differieren und man sie daher angenähert gleich setzen kann: Es muß bei einem bedruckten Flächenanteil von o,5 für das blaugrüne Teilbild das gelbe und purpurne Teilbild so gehalten werden, daß in diesen der bedruckte Flächenanteil etwa o,3 beträgt; d.h. die bedruckten Flächenanteile müssen im Verhältnis 1 : o,6 stehen.

Den Chemigraphen dürfte es interessieren, welche Punktgrößen im Klischee zur Einhaltung der Graubedingung kombiniert werden müssen. Das Grau von 5o % Remissionsgrad soll wieder als Beispiel gewählt werden. In Abbildung 15 sind Mikroaufnahmen von zwei Versuchsklischees bei gleichem Abbildungsmaßstab wiedergegeben, welche diese Bedingung erfüllen. Verwendet man das Klischee (Mikroaufnahme 15a) mit der kleineren Rasterpunktgröße

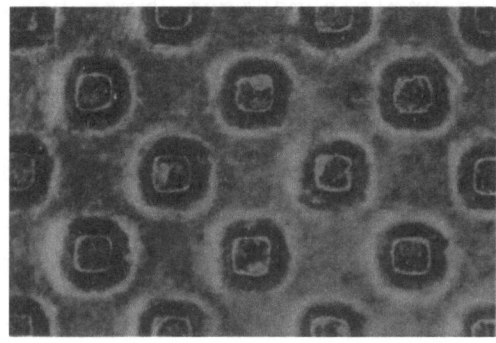

Abbildung 15a
Mikroaufnahme des Gelb-
(bzw. Purpur-) Klischees

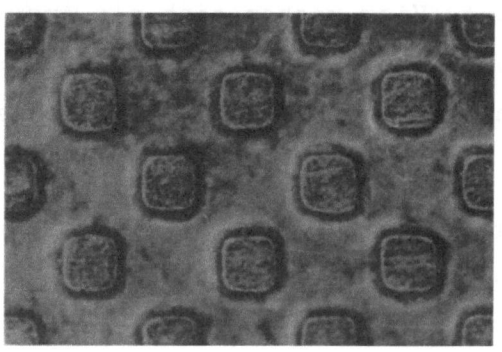

Abbildung 15b
Mikroaufnahme des Blau-
grün-Klischees

für das gelbe und purpurne Teilbild, für die man die Rasterpunktgröße wie oben bereits gezeigt, angenähert gleich setzen kann, so muß man für das blaugrüne Teilbild eine Rasterpunktgröße verwenden, wie sie uns die Mikroaufnahme 15b zeigt. Das Ergebnis des Druckes ist dann ein Grau mit einem Remissionsgrad von 5o %. Der genaue Zusammenhang zwischen Rasterpunktgröße im Druck und Rasterpunktgröße im Klischee, der hier eine Rolle spielt, ist wesentlich von der Kombination Druckfarbe-Druckpapier abhängig. Die Betrachtungen gelten für ein normales, weißes holzfreies Kunstdruckpapier.

B. Experimentelle Prüfung der Ergebnisse

Um die Richtigkeit der für die Normfarbenskala berechneten Kurven nachzuprüfen, wurden Skalendrucke mit sogenannten Sechseckklischees hergestellt. Das sind Klischees mit einer sechseckigen Begrenzung. Die beim Dreifarbenbuchdruck notwendige verschiedene Rasterwinkelung kann man durch Drehen des Klischees erreichen. Man kann also mit ein und demselben Klischee die drei Teildrucke ausführen. Das Ergebnis eines Andruckes mit gleichem bedruckten Flächenanteil in den Teilbildern zeigt die übliche bräunliche bis rötliche Farbtonverschiebung (siehe Anhang Seite 35). Druckt man dagegen mit einem Rasterpunktverhältnis, das den Ergebnissen der Berechnung entspricht, so erhält man eine sehr gute Annäherung an Grau. Dabei werden die beiden berechneten Kurven für Gelb und Purpur durch eine Mittelwertkurve ersetzt. Lediglich für sehr hohe bedruckte Flächenanteile zeigten sich kleine Abweichungen von dem zu erwartenden

Unbunt. Hier machen sich als Auswirkung des ungleichmäßigen Punktaufbaus infolge Ausquetschens beim Druck Abweichungen von dem Mischungsgesetz bemerkbar, das der Berechnung zugrunde gelegt wurde.

Die Druckversuche wurden zunächst in der Druckreihenfolge Gelb, Rot, Blau ausgeführt. Aber auch bei einer Reihenfolge von Rot, Gelb, Blau und Blau, Gelb, Rot waren prinzipiell die gleichen Erscheinungen feststellbar. Es zeigte sich, daß die Farbverschiebungen durch die verschiedene Druckreihenfolge klein gegenüber der charakteristischen Rotverschiebung sind, und daß sie auch an der erforderlichen Korrektur zur Einhaltung der Graubedingung nichts wesentliches ändern.

Für die Ableitung des Kurvenverlaufes zur Einhaltung der Graubedingung ist die NEUGEBAUER-Gleichung benutzt worden. In dieser tritt der sogenannte bedruckte Flächenanteil auf. Das ist ein Maß dafür, welcher Anteil der Oberfläche bedruckt ist. Bei Betrachtung eines Rasterpunktes erhebt sich infolge der ungleichmäßigen Bedeckung des Punktes mit Farbe und des Ausquetschens natürlich die Frage, was man dabei als bedruckten Flächenanteil bezeichnen will, wenn man die Ergebnisse der obigen Berechnung praktisch anwendet. Wir können diese Schwierigkeiten vollkommen umgehen, wenn wir diesen Wert photometrisch an einem vom Klischee hergestellten Andruck mit der jeweiligen Normfarbe feststellen. Die Messung erfolgt so, daß man mit einem Aufsichtsschwärzungsmesser den Remissionsgrad der voll bedruckten Fläche $\beta_F$ und der mit der unbekannten Rasterpunktgröße bedruckten Fläche $\beta$ bestimmt. Dabei wird ein Farbfilter eingeschaltet, welches komplementärfarbig zur Druckfarbe ist, d.h. für die gelbe Druckfarbe ein Blaufilter, für die purpurne ein Grün- und für die blaugrüne ein Rotfilter. Aus der Größe des Remissionsgrades für Halbton und volle Fläche läßt sich der bedruckte Flächenanteil berechnen.

Bei dieser von LINDECKER[5] für Schwarzdrucke angegebenen Methode denkt man sich den von dem zu untersuchenden Halbton des Druckes zurückgeworfenen Lichtstrom $\Phi$ zusammengesetzt aus dem von der bedruckten Fläche zurückgeworfenen Anteil

$$\Phi_o \beta_F \cdot \varphi$$

und dem vom unbedruckten Papier reflektierten Anteil $\Phi_o \beta_P (1-\varphi)$. Bezieht man die Messung des Remissionsgrades auf Papierweiß ($\beta_P = 1$), so ergibt sich für den der Messung zugänglichen Remissionsgrad des Halbtones:

$$\beta = \frac{\phi}{\phi_0} = \beta_F \cdot \varphi + (1 - \varphi)$$

Der bedruckte Flächenanteil läßt sich dann aus der Messung des Remissionsgrades von Halbton $\beta$ und voller Fläche $\beta_F$ leicht errechnen. Es ist:

(10) $$\varphi = \frac{1 - \beta}{1 - \beta_F}$$

Bei dieser Methode mittelt man über viele Rasterpunkte und über die Form des Punktes und ersetzt die ungleichmäßig bedruckte Fläche durch eine gleichmäßig bedruckte mit einer Fläche, welche die gleiche Wirkung hervorruft. Man erhält den sogenannten wirksamen bedruckten Flächenanteil, der mit den Werten in der NEUGEBAUER-Gleichung übereinstimmt und nach dem bei unseren Probedrucken zur Prüfung der Graubedingung die Klischees ausgewählt wurden. Damit ist der Anschluß der theoretisch abgeleiteten Beziehungen an den praktischen Druckprozeß gewährleistet.

### IV. Praktische Bedeutung der Graubedingung für die Herstellung von Druckformen für den Dreifarbenbuchdruck

Vielfach treten in den Vorlagen, welche reproduziert werden, keine Grauwerte auf, und es könnte der Eindruck entstehen, als ob solche Betrachtungen keinerlei Bedeutung für die Praxis haben. Überlegt man sich jedoch, daß man unabhängig davon, ob Grautöne in der Vorlage vorhanden sind, eine ausgeglichene Farbwiedergabe im Druck verlangen muß, so erkennt man, daß diese ermittelten charakteristischen Kurven für die Teilbilder allgemeine Bedeutung haben. Um nämlich einen ausgeglichenen Bildcharakter zu gewährleisten, muß stets darauf geachtet werden, daß ein Bild auf Grau abgestimmt ist. Dies ist aus der Farbenphotographie allgemein bekannt, wo man in der Kopie in erster Linie so abstimmt, daß eine gleichzeitig aufgenommene Grauleiter in der Wiedergabe Grau erscheint. Nur wenn so auf Grau abgestimmt ist, kann man eine farbstichfreie, ausgeglichene Wiedergabe erwarten, bei der kein Gebiet der Farbtöne bevorzugt wiedergegeben wird.

Aus diesen Überlegungen folgt, daß auch im Dreifarbenbuchdruck für eine ausgeglichene Farbwiedergabe stets darauf geachtet werden muß, daß die Graubedingung eingehalten ist. Dies erreicht man jedoch im Falle der autotypischen Farbmischung nur, wenn man die rechnerisch ermittelten charakteristischen Kurven für die Teilbilder einhält.

Auch spielen diese Überlegungen für den in der Praxis gebräuchlicheren Vierfarbenbuchdruck eine Rolle. Hier strebt man an, als Endprodukt nicht ein koloriertes Schwarz-Weiß-Bild zu erhalten, sondern man versucht vielmehr nach dem Dreifarbenprinzip zu arbeiten und die schwarze Platte nur dazu zu benutzen, um die Tiefe und die Konturen zu verstärken und die neutralen Tonwerte zu unterstützen. Der Bildcharakter muß demzufolge auch hier neutral abgestimmt sein, um eine ausgeglichene Wiedergabe hervorzurufen.

Im allgemeinen wird im Mehrfarbenbuchdruck so verfahren, daß der Farbätzer die Korrektur des zu starken Rot meist unbewußt in der geforderten Weise bei der Klischeeherstellung ausführt. Man kann die Korrektur aber auch in den photographischen Prozeß verlegen oder wenigstens dadurch vorbereiten, wenn man über einen Halbtonauszug geht. Dazu wird man den Auszug für das blaugrüne Teilbild in den Durchgang der Schwärzungskurve legen, während der Auszug für Gelb und Purpur geradlinig gehalten wird. Die Richtigkeit dieser Methode, die vielfach schon angewandt wird, läßt sich an Hand eines aus der Photographie bekannten Umzeichnungsdiagramms zeigen.

In der Photographie interessiert man sich für das Ergebnis eines Negativ-Positiv-Prozesses hinsichtlich der Tonwertwiedergabe eines Originals. Die Aufgabe kann gelöst werden, wenn man die Gradationskurven des Negativ- und des Positivmaterials kennt.

Um dieses Verfahren den hier interssierenden Betrachtungen anzupassen, zeichnet man in dem II. Quadranten die charakteristische Kurve des Rasternegativs (Abb. 16), in den III. die Schritte zwischen Kopieren des Rasternegativs auf die Zinkplatte bis zum fertigen Druckergebnis, d.h. den bedruckten Flächenanteil im Druck. Trägt man im IV. Quadranten den Kurvenverlauf zur Einhaltung der Graubedingung ein, so kann man mit der gleichen Umzeichnungsmethode im I. Quadranten zeigen, daß der Übergang von der Leuchtdichte des Objektes zur Belichtung des Rasternegativs, d.h. der Halbtonprozeß, für das purpurne Teilbild (das gleiche gilt für das gelbe Teilbild) geradlinig, für das blaugrüne gekrümmt verlaufen muß. Dabei ist ein üblicher Ätzprozeß mit drei Tonätzungen zugrunde gelegt worden.

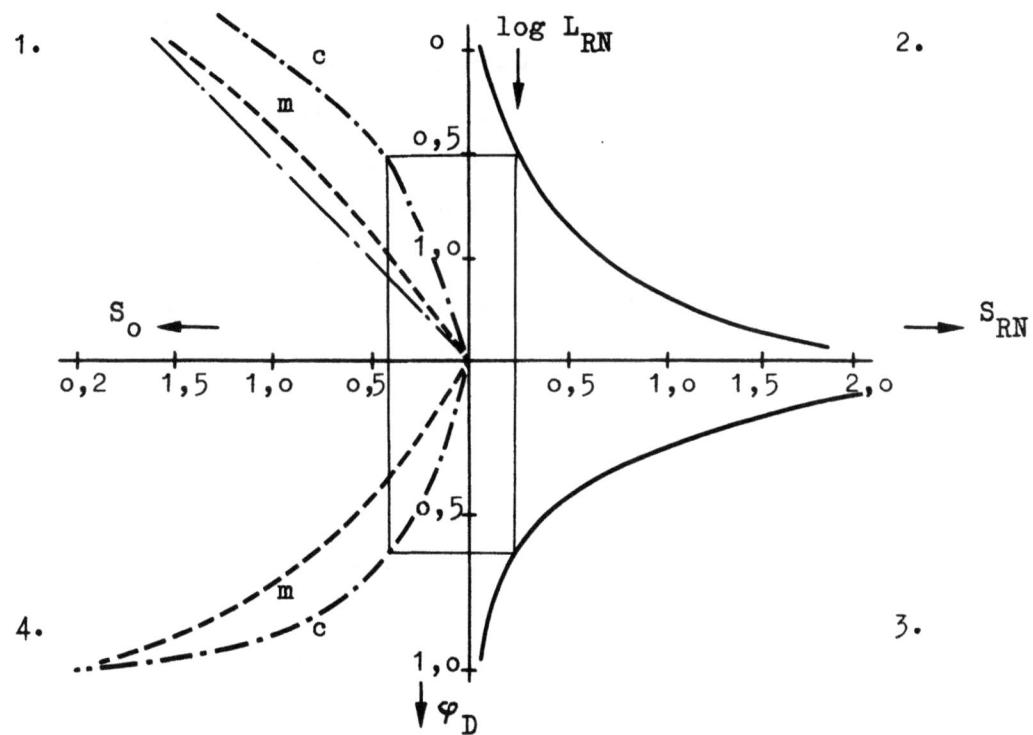

Abbildung 16
Umzeichnungsdiagramm

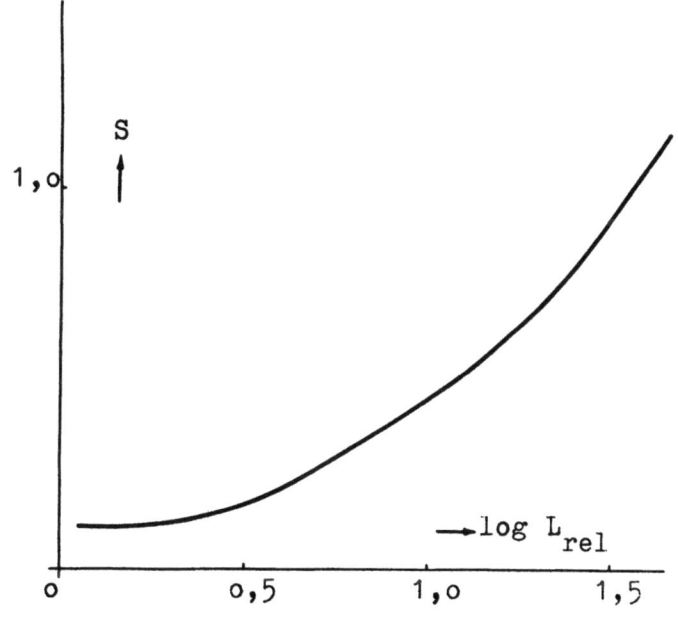

Abbildung 17
Durchhang der Schwärzungskurve für ein panchromatisches phototechnisches Material B

Man kann sich leicht überlegen, daß man den gekrümmten Verlauf für das blaugrüne Teilbild erzielen kann, wenn man den entsprechenden Halbtonauszug in den Durchhang verlegt, d.h. unterbelichtet und hart entwickelt. Für ein panchromatisches phototechnisches Material B konnte unter Anwendung eines sehr steilarbeitenden Metol-Hydrochinon-Entwicklers ein genügend großer Durchhang erzielt werden (Abb. 17). Mit Hilfe eines ähnlichen Umzeichnungsdiagramms kann man feststellen, daß der Durchhang die erforderliche Größe aufweist, um die Korrektur photographisch durchzuführen.

Es zeigt sich somit, daß man in der Lage ist, die Korrektur in den photographischen Prozeß zu verlegen. Das hat den Vorteil, daß man die Teilbilder beim Ätzen nicht getrennt zu behandeln braucht und somit die Möglichkeit gegeben ist, den Ätzprozeß weitgehend zu standardisieren, wie dies durch elektrolytisches Ätzen oder mechanische Herstellung von Druckformen erreicht wird.

## V. Zusammenfassung

1. Es wurde gezeigt, daß die bräunliche bis rötliche Farbtonverschiebung bei Übereinanderdruck von Klischees gleicher Rasterpunktgröße im Dreifarbenbuchdruck eine Eigenschaft der autotypischen Farbmischung ist, wenn reale Druckfarben verwendet werden, und es wurde daraus eine Graubedingung für den Dreifarbenbuchdruck abgeleitet.

2. Auf Grund der Graubedingung für die autotypische Farbmischung wurde der Verlauf der charakteristischen Kurven der Teilbilder für die Normfarbenskala berechnet und das Ergebnis experimentell bestätigt.

3. Es wurden Hinweise gegeben, wie die Korrekturen zur Einhaltung der Graubedingung in den photographischen Prozeß verlegt werden können. Eine Verlegung der Korrektur in den photographischen Prozeß wird dann notwendig, wenn man den Herstellungsprozeß der Druckformen durch elektrolytisches Ätzen oder mechanische Herstellung von Druckformen systematisieren will.

Dipl.-Phys. Karl-Heinz SCHIRMER, München

## VI. Literaturverzeichnis

1)                      Normblatt DIN 16 508, Farbskala für den Buchdruck 1954

2) HICKETHIER, A.     Farbordnung HICKETHIER, Hannover 1952

3) NEUGEBAUER, H.E.J.     Theory of Masking for Color Correction
J.Opt.Soc.America 42 (1952) Heft 1o S. 74o-47

4) NEUGEBAUER, H.E.J.     Zur Theorie des Mehrfarbenbuchdruckes
Dissertation TH Dresden 1935

5) LINDECKER, W.     Untersuchung der Zusammenhänge bei der retuschelosen Herstellung einer Autotypie nach einem photographischen Halbtonbild Z.wiss.Photogr. 4o (1941), H. 3/6, S. 57 ... 87

ANHANG

Gleiche bedruckte Flächenanteile der Teilbilder

Korrigierte bedruckte Flächenanteile der Teilbilder

Dreifarbenbuchdruck mit Normfarben nach DIN 16508
Druckreihenfolge: Purpur, Gelb, Blaugrün

Wie groß die Korrektur der Rasterpunktgröße im gelben und purpurnen Teilbild sein muß, wird noch an einem Beispiel erläutert: Soll bei einem Druck mit der Normfarbenskala ein mittleres Grau von 50% Reflexionsgrad entstehen (vgl. mittelste Rasterstufe des Druckes auf der vorhergehenden Seite), so muß bei 50% bedruckter Fläche im blaugrünen Teilbild die bedruckte Fläche für das gelbe und purpurne Teilbild etwa 30% betragen. Für den Chemigraphen ist es wichtig zu wissen, welche Punktgrößen im Farbsatz dazu kombiniert werden müssen. In den Mikroaufnahmen, die mit gleichem Abbildungsmaßstab hergestellt wurden, sind Druckstöcke wiedergegeben, welche diese Bedingung erfüllen. Verwendet man den Druckstock mit der kleineren Rasterpunktgröße für das purpurne und gelbe Teilbild (linke Mikroaufnahme), so muß für das blaugrüne Teilbild eine Rasterpunktgröße eingehalten werden, wie sie die rechte Mikroaufnahme zeigt. Das Ergebnis ist bei normaler Farbgebung (vgl. Farbenskala für den Buchdruck DIN 16508) ein Grau von etwa 50% Reflexionsgrad. Dies bestätigt der gezeigte Dreifarbenbuchdruck, bei dem die Flächen so übereinandergedruckt sind, daß man die Punktgrößen in den Teildrucken mit der Lupe erkennt.

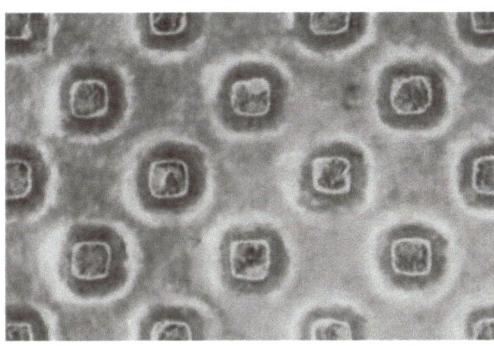

Mikroaufnahme des Druckstockes für das gelbe und purpurne Teilbild

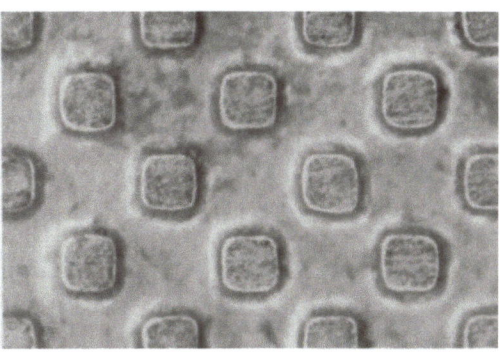

Mikroaufnahme des Druckstockes für das blaugrüne Teilbild

Dreifarbenbuchdruck mit korrigierten bedruckten Flächenanteilen

# FORSCHUNGSBERICHTE
## DES WIRTSCHAFTS- UND VERKEHRSMINISTERIUMS
## NORDRHEIN-WESTFALEN

Herausgegeben von Staatssekretär Prof. Leo Brandt

Heft 1:
Prof. Dr.-Ing. E. Flegler, Aachen
Untersuchungen oxydischer Ferromagnet-Werkstoffe

Heft 2:
Prof. Dr. W. Fuchs, Aachen
Untersuchungen über absatzfreie Teeröle

Heft 3:
Techn.-Wissenschaftl. Büro für die Bastfaserindustrie, Bielefeld
Untersuchungsarbeiten zur Verbesserung des Leinenwebstuhls

Heft 4:
Prof. Dr. E. A. Müller und Dipl.-Ing. H. Spitzer, Dortmund
Untersuchungen über die Hitzebelastung in Hüttebetrieben

Heft 5:
Dipl.-Ing. W. Fister, Aachen
Prüfstand der Turbinenuntersuchungen

Heft 6:
Prof. Dr. W. Fuchs, Aachen
Untersuchungen über die Zusammensetzung und Verwendbarkeit von Schwelteerfraktionen

Heft 7:
Prof. Dr. W. Fuchs, Aachen
Untersuchungen über emsländisches Petrolatum

Heft 8:
M. E. Meffert und H. Stratmann, Essen
Algen-Großkulturen im Sommer 1951

Heft 9:
Techn.-Wissenschaftl. Büro für die Bastfaserindustrie, Bielefeld
Untersuchungen über die zweckmäßige Wicklungsart von Leinengarnkreuzspulen unter Berücksichtigung der Anwendung hoher Geschwindigkeiten des Garnes
Vorversuche für Zetteln und Schären von Leinengarnen auf Hochleistungsmaschinen

Heft 10:
Prof. Dr. W. Vogel, Köln
„Das Streifenpaar" als neues System zur mechanischen Vergrößerung kleiner Verschiebungen und seine technischen Anwendungsmöglichkeiten

Heft 11:
Laboratorium für Werkzeugmaschinen und Betriebslehre, Technische Hochschule Aachen
1. Untersuchungen über Metallbearbeitung im Fräsvorgang mit Hartmetallwerkzeugen und negativem Spanwinkel
2. Weiterentwicklung des Schleifverfahrens für die Herstellung von Präzisionswerkstücken unter Vermeidung hoher Temperaturen
3. Untersuchung von Oberflächenveredlungsverfahren zur Steigerung der Belastbarkeit hochbeanspruchter Bauteile

Heft 12:
Elektrowärme-Institut, Langenberg (Rhld.)
Induktive Erwärmung mit Netzfrequenz

Heft 13:
Techn.-Wissenschaftl. Büro für die Bastfaserindustrie, Bielefeld
Das Naßspinnen von Bastfasergarnen mit chemischen Zusätzen zum Spinnbad

Heft 14:
Forschungsstelle für Acetylen, Dortmund
Untersuchungen über Aceton als Lösungsmittel für Acetylen

Heft 15:
Wäschereiforschung Krefeld
Trocknen von Wäschestoffen

Heft 16:
Max-Planck-Institut für Kohlenforschung, Mülheim a. d. Ruhr
Arbeiten des MPI für Kohlenforschung

Heft 17:
Ingenieurbüro Herbert Stein, M. Gladbach
Untersuchung der Verzugsvorgänge in den Streckwerken verschiedener Spinnereimaschinen. 1. Bericht: Vergleichende Prüfung mit verschiedenen Dickenmeßgeräten

Heft 18:
Wäschereiforschung Krefeld
Grundlagen zur Erfassung der chemischen Schädigung beim Waschen

Heft 19:
Techn.-Wissenschaftl. Büro für die Bastfaserindustrie, Bielefeld
Die Auswirkung des Schlichtens von Leinengarnketten auf den Verarbeitungswirkungsgrad, sowie die Festigkeit und Dehnungsverhältnisse der Garne und Gewebe

Heft 20:
Techn.-Wissenschaftl. Büro für die Bastfaserindustrie, Bielefeld
Trocknung von Leinengarnen I
Vorgang und Einwirkung auf die Garnqualität

Heft 21:
Techn.-Wissenschaftl. Büro für die Bastfaserindustrie, Bielefeld
Trocknung von Leinengarnen II
Spulenanordnung und Luftführung beim Trocknen von Kreuzspulen

Heft 22:
Techn.-Wissenschaftl. Büro für die Bastfaserindustrie, Bielefeld
Die Reparaturanfälligkeit von Webstühlen

Heft 23:
Institut für Starkstromtechnik, Aachen
Rechnerische und experimentelle Untersuchungen zur Kenntnis der Metadyne als Umformer von konstanter Spannung auf konstanten Strom

Heft 24:
Institut für Starkstromtechnik, Aachen
Vergleich verschiedener Generator-Metadyne-Schaltungen in bezug auf statisches Verhalten

Heft 25:
Gesellschaft für Kohlentechnik mbH., Dortmund-Eving
Struktur der Steinkohlen und Steinkohlen-Kokse

Heft 26:
Techn.-Wissenschaftl. Büro für die Bastfaserindustrie, Bielefeld
Vergleichende Untersuchungen zweier neuzeitlicher Ungleichmäßigkeitsprüfer für Bänder und Garne hinsichtlich ihrer Eignung für die Bastfaserspinnerei

Heft 27:
Prof. Dr. E. Schratz, Münster
Untersuchungen zur Rentabilität des Arzneipflanzenanbaues Römische Kamille, Anthemis nobilis L.

Heft 28:
Prof. Dr. E. Schratz, Münster
**Calendula officinalis L. Studien zur Ernährung, Blütenfüllung und Rentabilität der Drogengewinnung**

Heft 29:
Techn.-Wissenschaftl. Büro für die Bastfaserindustrie, Bielefeld
Die Ausnützung der Leinengarne in Geweben

Heft 30:
Gesellschaft für Kohlentechnik mbH., Dortmung-Eving
Kombinierte Entaschung und Verschwelung von Steinkohle; Aufarbeitung von Steinkohlenschlämmen zu verkokbarer oder verschwelbarer Kohle

Heft 31:
Dipl.-Ing. Störmann, Essen
Messung des Leistungsbedarfs von Doppelsteg-Kettenförderern

Heft 32:
Techn.-Wissenschaftl. Büro für die Bastfaserindustrie, Bielefeld
Der Einfluß der Natriumchloridbleiche auf Qualität und Verwebbarkeit von Leinengarnen und die Eigenschaften der Leinengewebe unter besonderer Berücksichtigung des Einsatzes von Schützen- und Spulenwechselautomaten in der Leinenweberei

Heft 33:
Kohlenstoffbiologische Forschungsstation e. V.
Eine Methode zur Bestimmung von Schwefeldioxyd und Schwefelwasserstoff in Rauchgasen und in der Atmosphäre

Heft 34:
Textilforschungsanstalt Krefeld
Quellungs- und Entquellungsvorgänge bei Faserstoffen

Heft 35:
Professor Dr. W. Kast, Krefeld
Feinstrukturuntersuchungen an künstlichen Zellulosefasern verschiedener Herstellungsverfahren

Heft 36:
Forschungsinstitut der feuerfesten Industrie, Bonn
Untersuchungen über die Trocknung von Rohton
Untersuchungen über die chemische Reinigung von Silika- und Schamotte-Rohstoffen mit chlorhaltigen Gasen

Heft 37:
Forschungsinstitut der feuerfesten Industrie, Bonn
Untersuchungen über den Einfluß der Probenvorbereitung auf die Kaltdruckfestigkeit feuerfester Steine

Heft 38:
Forschungsstelle für Acetylen, Dortmund
Untersuchungen über die Trocknung von Acetylen zur Herstellung von Dissousgas

Heft 39:
Forschungsgesellschaft Blechverarbeitung e. V., Düsseldorf
Untersuchungen an prägegemusterten und vorgelochten Blechen

Heft 40:
Landesgeologe Dr.-Ing. W. Wolff, Amt für Bodenforschung, Krefeld
Untersuchungen über die Anwendbarkeit geophysikalischer Verfahren zur Untersuchung von Spateisengängen im Siegerland

Heft 41:
Techn.-Wissenschaftl. Büro für die Bastfaserindustrie, Bielefeld
Untersuchungsarbeiten zur Verbesserung des Leinenwebstuhles II

Heft 42:
Professor Dr. B. Helferich, Bonn
Untersuchungen über Wirkstoffe — Fermente — in der Kartoffel und die Möglichkeit ihrer Verwendung

Heft 43:
Forschungsgesellschaft Blechverarbeitung e. V., Düsseldorf
Forschungsergebnisse über das Beizen von Blechen

Heft 44:
Arbeitsgemeinschaft für praktische Dehnungsmessung, Düsseldorf
Eigenschaften und Anwendungen von Dehnungsmeßstreifen

Heft 45:
Losenhausenwerk Düsseldorfer Maschinenbau AG., Düsseldorf
Untersuchungen von störenden Einflüssen auf die Lastgrenzenanzeige von Dauerschwingprüfmaschinen

Heft 46:
Prof. Dr. W. Fuchs, Aachen
Untersuchungen über die Aufbereitung von Wasser für die Dampferzeugung in Benson-Kesseln

Heft 47:
Prof. Dr.-Ing. K. Krekeler, Aachen
Versuche über die Anwendung der induktiven Erwärmung zum Sintern von hochschmelzenden Metallen sowie zur Anlegierung und Vergütung von aufgespritzten Metallschichten mit dem Grundwerkstoff

Heft 48:
Max-Planck-Institut für Eisenforschung, Düsseldorf
Spektrochemische Analyse der Gefügebestandteile in Stählen nach ihrer Isolierung

Heft 49:
Max-Planck-Institut für Eisenforschung, Düsseldorf
Untersuchungen über Ablauf der Desoxydation und die Bildung von Einschlüssen in Stählen

Heft 50:
Max-Planck-Institut für Eisenforschung, Düsseldorf
Flammenspektralanalytische Untersuchung der Ferritzusammensetzung in Stählen

Heft 51:
Verein zur Förderung von Forschungs- und Entwicklungsarbeiten in der Werkzeugindustrie e. V., Remscheid
Untersuchungen an Kreissägeblättern für Holz, Fehler- und Spannungsprüfverfahren

Heft 52:
Forschungsstelle für Azetylen, Dortmund
Untersuchungen über den Umsatz bei der explosiblen Zersetzung von Azetylen
 a) Zersetzung von gasförmigem Azetylen,
 b) Zersetzung von an Silikagel adsorbiertem Azetylen

Heft 53:
Professor Dr.-Ing. H. Opitz, Aachen
Reibwert- und Verschleißmessungen an Kunststoffgleitführungen für Werkzeugmaschinen

Heft 54:
Professor Dr.-Ing. F. A. F. Schmidt, Aachen
Schaffung von Grundlagen für die Erhöhung der spez. Leistung und Herabsetzung des spez. Brennstoffverbrauches bei Ottomotoren mit Teilbericht über Arbeiten an einem neuen Einspritzverfahren

Heft 55:
Forschungsgesellschaft Blechverarbeitung e.V., Düsseldorf
Chemisches Glänzen von Messing und Neusilber

Heft 56:
Forschungsgesellschaft Blechverarbeitung e. V., Düsseldorf
Untersuchungen über einige Probleme der Behandlung von Blechoberflächen

Heft 57:
Prof. Dr.-Ing. F. A. F. Schmidt, Aachen
Untersuchungen zur Erforschung des Einflusses des chemischen Aufbaues des Kraftstoffes auf sein Verhalten im Motor und in Brennkammern von Gasturbinen

Heft 58:
Gesellschaft für Kohlentechnik m. b. H., Dortmund
Herstellung und Untersuchung von Steinkohlenschwelteer

Heft 59:
Forschungsinstitut der Feuerfest-Industrie e. V., Bonn
Ein Schnellanalysenverfahren zur Bestimmung von Aluminiumoxyd, Eisenoxyd und Titanoxyd in feuerfestem Material mittels organischer Farbreagenzien auf photometrischem Wege
Untersuchungen des Alkali-Gehaltes feuerfester Stoffe mit dem Flammenphotometer nach Riehm-Lange

Heft 60:
Forschungsgesellschaft Blechverarbeitung e. V., Düsseldorf
Untersuchungen über das Spritzlackieren im elektrostatischen Hochspannungsfeld

Heft 61:
Verein zur Förderung von Forschungs- und Entwicklungsarbeiten in der Werkzeugindustrie e. V., Remscheid
Schwingungs- und Arbeitsverhalten von Kreissägeblättern für Holz

Heft 62:
Professor Dr. W. Franz, Institut für theoretische Physik der Universität Münster
Berechnung des elektrischen Durchschlags durch feste und flüssige Isolatoren

Heft 63:
Textilforschungsanstalt Krefeld
Neue Methoden zur Untersuchung der Wirkungsweise von Textilhilfsmitteln
Untersuchungen über Schlichtungs- und Entschlichtungsvorgänge

Heft 64:
Textilforschungsanstalt Krefeld
Die Kettenlängenverteilung von hochpolymeren Faserstoffen
Über die fraktionierte Fällung von Polyamiden

Heft 65:
Fachverband Schneidwarenindustrie, Solingen
Untersuchungen über das elektrolytische Polieren von Tafelmesserklingen aus rostfreiem Stahl

Heft 66:
Dr.-Ing. P. Füsgen VDI †, Düsseldorf
Untersuchungen über das Auftreten des Ratterns bei selbsthemmenden Schneckengetrieben und seine Verhütung

Heft 67:
Heinrich Wösthoff o. H. G., Apparatebau, Bochum
Entwicklung einer chemisch-physikalischen Apparatur zur Bestimmung kleinster Kohlenoxyd-Konzentrationen

Heft 68:
Kohlenstoffbiologische Forschungsstation e. V., Essen
Algengroßkulturen im Sommer 1952
II. Über die unsterile Großkultur von Scenedesmus obliquus

Heft 69:
Wäschereiforschung Krefeld
Bestimmung des Faserabbaues bei Leinen unter besonderer Berücksichtigung der Leinengarnbleiche

Heft 70:
Wäschereiforschung Krefeld
Trocknen von Wäschestoffen

Heft 71:
Prof. Dr.-Ing. K. Leist, Aachen
Kleingasturbinen, insbesondere zum Fahrzeugantrieb

Heft 72:
Prof. Dr.-Ing. K. Leist, Aachen
Beitrag zur Untersuchung von stehenden geraden Turbinengittern mit Hilfe von Druckverteilungsmessungen

Heft 73:
Prof. Dr.-Ing. K. Leist, Aachen
Spannungsoptische Untersuchungen von Turbinenschaufelfüßen

Heft 74:
Max-Planck-Institut für Eisenforschung, Düsseldorf
Versuche zur Klärung des Umwandlungsverhaltens eines sonderkarbidbildenden Chromstahls

Heft 75:
Max-Planck-Institut für Eisenforschung, Düsseldorf
Zeit-Temperatur-Umwandlungs-Schaubilder als Grundlage der Wärmebehandlung der Stähle

Heft 76:
Max-Planck-Institut für Arbeitsphysiologie, Dortmund
Arbeitstechnische und arbeitsphysiologische Rationalisierung von Mauersteinen

Heft 77:
Meteor Apparatebau Paul Schmeck G. m. b H., Siegen
Entwicklung von Leuchtstoffröhren hoher Leistung

Heft 78:
Forschungsstelle für Acetylen, Dortmund
Über die Zustandsgleichung des gasförmigen Acetylens und das Gleichgewicht Acetylen — Aceton

Heft 79:
Techn.-Wissenschaftl. Büro für die Bastfaserindustrie, Bielefeld
Trocknung von Leinengarnen III
Spinnspulen- und Spinnkopstrocknung
Vorgang und Einwirkung auf die Garnqualität

Heft 80:
Techn.-Wissenschaftl. Büro für die Bastfaserindustrie, Bielefeld
Die Verarbeitung von Leinengarn auf Webstühlen mit und ohne Oberbau

Heft 81:
Prüf- und Forschungsinstitut für Ziegeleierzeugnisse, Essen-Kray
Die Einführung des großformatigen Einheits-Gitterziegels im Lande Nordrhein-Westfalen

Heft 82:
Vereinigte Aluminium-Werke AG., Bonn
Forschungsarbeiten auf dem Gebiet der Veredelung von Aluminium-Oberflächen

Heft 83:
Prof. Dr. S. Strugger, Münster
Über die Struktur der Proplastiden

Heft 84:
Dr. H. Baron, Düsseldorf
Über Standardisierung von Wundtextilien

Heft 85:
Textilforschungsanstalt Krefeld
Physikalische Untersuchungen an Fasern, Fäden, Garnen und Geweben:
Untersuchungen am Knickscheuergerät nach Weltzien

Heft 86:
Prof. Dr.-Ing. H. Opitz, Aachen
Untersuchungen über das Fräsen von Baustahl sowie über den Einfluß des Gefüges auf die Zerspanbarkeit

Heft 87:
Gemeinschaftsausschuß Verzinken, Düsseldorf
Untersuchungen über Güte von Verzinkungen

Heft 88:
Gesellschaft für Kohlentechnik mbH., Dortmund-Eving
Oxydation von Steinkohle mit Salpetersäure

Heft 89:
Verein Deutscher Ingenieure, Gleitlagerforschung, Düsseldorf und Prof. Dr.-Ing. G. Vogelpohl, Göttingen
Versuche mit Preßstoff-Lagern für Walzwerke

Heft 90:
Forschungs-Institut der Feuerfest-Industrie, Bonn
Das Verhalten von Silikasteinen im Siemens-Martin-Ofengewölbe

Heft 91:
Forschungs-Institut der Feuerfest-Industrie, Bonn
Untersuchungen des Zusammenhangs zwischen Leistung und Kohlenverbrauch von Kammeröfen zum Brennen von feuerfesten Materialien

Heft 92:
Techn.-Wissenschaftl. Büro für die Bastfaserindustrie, Bielefeld und Laboratorium für textile Meßtechnik, M.-Gladbach
Messungen von Vorgängen am Webstuhl

Heft 93:
Prof. Dr. W. Kast, Krefeld
Spinnversuche zur Strukturerfassung künstlicher Zellulosefasern

Heft 94:
Prof. Dr. G. Winter, Bonn
Die Heilpflanzen des MATTHIOLUS (1611) gegen Infektionen der Harnwege und Verunreinigung der Wunden bzw. zur Förderung der Wundheilung im Lichte der Antibiotikaforschung

Heft 95:
Prof. Dr. G. Winter, Bonn
Untersuchungen über die flüchtigen Antibiotika aus der Kapuziner- (Tropaeolum maius) und Gartenkresse (Lepidium sativum) und ihr Verhalten im menschlichen Körper bei Aufnahme von Kapuziner- bzw. Gartenkressensalat per os

Heft 96:
Dr.-Ing. P. Koch, Dortmund
Austritt von Exoelektronen aus Metalloberflächen unter Berücksichtigung der Verwendung des Effektes für die Materialprüfung

Heft 97:
Ing. H. Stein, Laboratorium für textile Meßtechnik, M.-Gladbach
Untersuchung der Verzugsvorgänge an den Streckwerken verschiedener Spinnereimaschinen
2. Bericht: Ermittlung der Haft-Gleiteigenschaften von Faserbändern und Vorgarnen

Heft 98:
Fachverband Gesenkschmieden, Hagen
Die Arbeitsgenauigkeit beim Gesenkschmieden unter Hämmern

Heft 99:
Prof. Dr.-Ing. G. Garbotz, Aachen
Der Kraft- und Arbeitsaufwand sowie die Leistungen beim Biegen von Bewehrungsstählen in Abhängigkeit von den Abmessungen, den Formen und der Güte der Stähle (Ermittlung von Leistungsrichtlinien)

Heft 100:
Prof. Dr.-Ing. H. Opitz, Aachen
Untersuchungen von elektrischen Antrieben, Steuerungen und Regelungen an Werkzeugmaschinen

Heft 101:
Prof. Dr.-Ing. H. Opitz, Aachen
Wirtschaftlichkeitsbetrachtungen beim Außenrundschleifen

Heft 102:
Dr. P. Hölemann, Ing. R. Hasselmann und Ing. G. Dix, Dortmund
Untersuchungen über die thermische Zündung von explosiblen Acetylenzersetzungen in Kapillaren

Heft 103:
Prof. Dr. W. Weizel, Bonn
Durchführung von experimentellen Untersuchungen über den zeitlichen Ablauf von Funken in komprimierten Edelgasen sowie zu deren mathematischen Berechnung

Heft 104:
Prof. Dr. W. Weizel, Bonn
Über den Einfluß der Elektroden auf die Eigenschaften von Cadmium-Sulfid-Widerstands-Photozellen

Heft 105:
Dr.-Ing. R. Meldau, Harsewinkel/Westf.
Auswertung von Gekörn — Analysen des Musterstaubes „Flugasche Fortuna I"

Heft 106:
ORR. Dr.-Ing. W. Küch, Dortmund
Untersuchungen über die Einwirkung von feuchtigkeitsgesättigter Luft auf die Festigkeit von Leimverbindungen

Heft 107:
Prof. Dr. H. Lange und Dipl.-Phys. P. St. Pütter, Köln
Über die Konstruktion von Laboratoriumsmagneten

Heft 108:
Prof. Dr. W. Fuchs, Aachen
Untersuchungen über neue Beizmethoden und Beizabwässer
I. Die Entzunderung von Drähten mit Natriumhydrid
II. Die Aufbereitung von Beizabwässern

Heft 109:
Dr. P. Hölemann und Ing. R. Hasselmann, Dortmund
Untersuchungen über die Löslichkeit von Azetylen in verschiedenen organischen Lösungsmitteln

Heft 110:
Dr. P. Hölemann und Ing. R. Hasselmann, Dortmund
Untersuchungen über den Druckverlauf bei der explosiblen Zersetzung von gasförmigem Azetylen

Heft 111:
Fachverband Steinzeugindustrie, Köln
Die Entwicklung eines Gerätes zur Beschickung seitlicher Feuer von Steinzeug-Einzelkammeröfen mit festen Brennstoffen

Heft 112:
Prof. Dr.-Ing. H. Opitz, Aachen
Verschleißmessungen beim Drehen mit aktivierten Hartmetallwerkzeugen

Heft 113:
Prof. Dr. O. Graf, Dortmund
Erforschung der geistigen Ermüdung und nervösen Belastung: Studien über die vegetative 24-Stunden-Rhythmik in Ruhe und unter Belastung

Heft 114:
Prof. Dr. O. Graf, Dortmund
Studien über Fließarbeitsprobleme an einer praxisnahen Experimentieranlage

Heft 115:
Prof. Dr. O. Graf, Dortmund
Studium über Arbeitspausen in Betrieben bei freier und zeitgebundener Arbeit (Fließarbeit) und ihre Auswirkung auf die Leistungsfähigkeit

Heft 116:
Prof. Dr.-Ing. E. Siebel und Dr.-Ing. H. Weiss, Stuttgart
Untersuchungen an einigen Problemen des Tiefziehens — I. Teil

Heft 117:
Dr.-Ing. H. Beißwänger, Stuttgart, und Dr.-Ing. S. Schwandt, Trier
Untersuchungen an einigen Problemen des Tiefziehens — II. Teil

Heft 118:
Prof. Dr. E. A. Müller und Dr. H. G. Wenzel, Dortmund
Neuartige Klima-Anlage zur Erzeugung ungleicher Luft- und Strahlungstemperaturen in einem Versuchsraum

Heft 119:
Dr.-Ing. O. Viertel, Krefeld
Wäscherei- und energietechnische Untersuchung einer Gemeinschafts-Waschanlage

Heft 120:
Dipl.-Ing. Weisbecker, Lüdenscheid
Über Anfressung an Reinstaluminium-Schweißnähten bei der elektrolytischen Oxydation
Gebr. Hörstermann GmbH., Velbert
Entwicklung und Erprobung eines neuartigen Gummibandförderers

Heft 121:
Dr. H. Krebs, Bonn
I. Die Struktur und die Eigenschaften der Halbmetalle
II. Die Bestimmung der Atomverteilung in amorphen Substanzen
III. Die chemische Bindung in anorganischen Festkörpern und das Entstehen metallischer Eigenschaften

Heft 122:
Prof. Dr. W. Fuchs, Aachen
Untersuchungen zur Verbesserung der Wasseraufbereitung und Wasseranalyse:
Über die Schnellbewertung von Ionenaustauscher

Heft 123:
Dipl.-Ing. J. Emondts, Aachen
Über Bodenverformungen bei stark gestörtem und mächtigem, wasserführendem Deckgebirge im Aachener Steinkohlengebiet

Heft 124:
Prof. Dr. R. Seÿffert, Köln
Wege und Kosten der Distribution der Hausratwaren im Lande Nordrhein-Westfalen

Heft 125:
Prof. Dr. E. Kappler, Münster
Eine neue Methode zur Bestimmung von Kondensations-Koeffizienten von Wasser

Heft 126:
Prof. Dr.-Ing. J. Mathieu, Aachen
Arbeitszeitvergleich
Grundlagen, Methodik und praktische Durchführung

Heft 127:
Güteschutz Betonstein e. V.,
Arbeitskreis Nordrhein-Westfalen, Dortmund
Die Betonwaren-Gütesicherung im Lande Nordrhein-Westfalen

Heft 128:
Prof. Dr. O. Schmitz-DuMont, Bonn
Untersuchungen über Reaktionen in flüssigem Ammoniak

Heft 129:
Prof. Dr.-Ing. J. Mathieu und Dr. C. A. Roos, Aachen
Die Anlernung von Industriearbeitern
I. Ergebnisse einer grundsätzlichen Untersuchung der gegenwärtigen Industriearbeiter-Kurzanlernung

Heft 130:
Prof.-Dr.-Ing. J. Mathieu und Dr. C. A. Roos, Aachen
Die Anlernung von Industriearbeitern
II. Beiträge zur Methodenfrage der Kurzanlernung

Heft 131:
Dr. W. Hoerburger, Köln
Versuche zur Biosynthese von Eiweiß aus Kohlenwasserstoff

Heft 132:
Prof. Dr. W. Seith, Münster
Über Diffusionserscheinungen in festen Metallen

Heft 133:
Prof. Dr. E. Jenckel, Aachen
Über einen für Schwermetalle selektiven Ionenaustauscher

Heft 134:
Prof. Dr.-Ing. H. Winterhager, Aachen
Über die elektrochemischen Grundlagen der Schmelzfluß-Elektrolyse von Bleisulfid in geschmolzenen Mischungen mit Bleichlorid

Heft 135:
Prof. Dr.-Ing. K. Krekeler und Dr.-Ing. H. Peukert, Aachen
Die Änderung der mechanischen Eigenschaften thermoplastischer Kunststoffe durch Warmrecken

Heft 136:
Dipl.-Phys. P. Pilz, Remscheid
Über spezielle Probleme der Zerkleinerungstechnik von Weichstoffen

Heft 137:
Prof. Dr. W. Baumeister, Münster
Beiträge zur Mineralstoffernährung der Pflanzen

Heft 138:
Dr. P. Hölemann und Ing. R. Hasselmann, Dortmund
Untersuchungen über die Zersetzungswärme von gasförmigem und in Azeton gelöstem Azetylen

Heft 139:
Prof. Dr. W. Fuchs, Aachen
Studien über die thermische Zersetzung der Kohle und die Kohlendestillatprodukte

Heft 140:
Dr.-Ing. G. Hausberg, Essen
Modellversuche an Zyklonen

Heft 141:
Dr. J. van Calker und Dr. R. Wienecke, Münster
Untersuchungen über den Einfluß dritter Analysenpartner auf die spektrochemische Analyse

Heft 142:
Dipl.-Ing. G. M. F. Wiebel, Hannover, A. Konermann und A. Ottenheym, Sennelager
Entwicklung eines Kalksandleichtsteines

Heft 143:
Prof. Dr. F. Wever, Dr. A. Rose und Dipl.-Ing. W. Straßburg, Düsseldorf
Härtbarkeit und Umwandlungsverhalten der Stähle

Heft 144:
Prof. Dr. H. Wurmbach, Bonn
Steuerung von Wachstum und Formbildung

Heft 145:
Dr. G. Hennemann, Werdohl (Westf.)
Beitrag zur Interpretation der modernen Atomphysik

Heft 146:
Dr.-Ing. F. Gruß, Düsseldorf
Sterilisation mit Heißluft

Heft 147:
Dr.-Ing. W. Rudisch, Unna
Untersuchung einer drehelastischen Elektromagnet-Synchronkupplung

Heft 148:
Prof. Dr. H. Bittel und Dipl.-Phys. L. Storm, Münster
Untersuchungen über Widerstandsrauschen

Heft 149:
Dipl.-Ing. K. Konopicky und Dipl.-Chem. P. Kampa, Bonn
I. Beitrag zur flammenphotometrischen Bestimmung des Calciums
Dr.-Ing. K. Konopicky, Bonn
II. Die Wanderung von Schlackenbestandteilen in feuerfesten Baustoffen

Heft 150:
Prof. Dr.-Ing. O. Kienzle und Dipl.-Ing. W. Timmerbeil, Hannover
Das Durchziehen enger Kragen an ebenen Fein- und Mittelblechen

Heft 151:
Dipl.-Ing. P. Karabasch, Aachen
Feststellung des optimalen Gasgehaltes von Bronzen zur Erzielung druckdichter Gußstücke

Heft 152:
Dipl.-Ing. G. Müller, Köln
Ermittlung der Laufeigenschaften (Vergießbarkeit) von Bronze und Rotguß mittels der Schneider-Gießspirale

Heft 153:
Prof. Dr. F. Wever, Dr.-Ing. W. A. Fischer und Dipl.-Ing. J. Engelbrecht, Düsseldorf
I. Die Reduktion sauerstoffhaltiger Eisenschmelzen im Hochvakuum mit Wasserstoff und Kohlenstoff
II. Einfluß geringer Sauerstoffgehalte auf das Gefüge und Alterungsverhalten von Reineisen

Heft 154:
Prof. Dr.-Ing. P. Bardenheuer und Dr.-Ing. W. A. Fischer, Düsseldorf
Die Verschlackung von Titan aus Stahlschmelzen im sauren und basischen Hochfrequenzofen unter verschiedenen Schlacken

Heft 155:
Dipl.-Phys. K. H. Schirmer, München
Die auf Grau abgestimmte Farbwiedergabe im Dreifarbenbuchdruck

Heft 156:
Prof. Dr.-Ing. B. von Borries und Mitarbeiter, Düsseldorf
Die Entwicklung regelbarer permanentmagnetischer Elektronenlinsen hoher Brechkraft und eines mit ihnen ausgerüsteten Elektronenmikroskopes neuer Bauart

Heft 157:
Dr. W. Jawtusch, Dr. G. Schuster und Prof. Dr.-Ing. R. Jaeckel, Bonn
Untersuchungen über die Stoßvorgänge zwischen neutralen Atomen und Molekülen

Heft 158:
Dipl.-Ing. W. Rosenkranz, Meinerzhagen
Ein Beitrag zum Problem der Spannungskorrosion bei Preßprofilen und Preßteilen aus Aluminium-Legierungen

Heft 159:
Dr.-Ing. O. Viertel und O. Oldenroth, Krefeld
Das Bleichen von Weißwäsche mit Wasserstoffsuperoxyd bzw. Natriumhypochlorit beim maschinellen Waschen

Heft 160:
Prof. Dr. W. Klemm, Münster
Über neue Sauerstoff- und Fluor-haltige Komplexe

Heft 161:
Prof. Dr. W. Weltzien und Dr. G. Hauschild, Krefeld
Über Silikone und ihre Anwendung in der Textilveredlung

Heft 162:
Prof. Dr. F. Wever, Prof. Dr. A. Knochendörfer und Dr.-Ing. Chr. Rohrbach, Düsseldorf
Kennzeichnung der Sprödbruchneigung von Stählen durch Messung der Fließspannung, Reißspannung und Brucheinschnürung an dreiachsig beanspruchten Proben

Heft 163:
Dipl.-Ing. W. Rohs und Text.-Ing. H. Griese, Bielefeld
Untersuchungsarbeiten zur Verbesserung des Leinenwebstuhles III

Heft 164:
Dr.-Ing. H. Schmachtenberg, Köln
Neuartige Prüfeinrichtungen für Kraftfahrzeuge

Heft 165:
Dr.-Ing. W. Wilhelm, Aachen
Instationäre Gasströmung im Auspuffsystem eines Zweitaktmotors

Heft 166:
Prof. Dr. M. von Stackelberg, Dr. H. Heindze, Dr. H. Hübschke und Dr. K. H. Frangen, Bonn
Kolloidchemische Untersuchungen

Heft 167:
Prof. Dr.-Ing. F. Schuster, Essen
I. Über die Heißkarburierung von Brenngasen mit Ölen und Teeren
II. Die Strahlungsvorgänge in brennstoffbeheizten Öfen bei verschiedenen Verbrennungsatmosphären

Heft 168:
Prof. Dr.-Ing. F. Schuster, Essen
I. Luftvorwärmung an Gasfeuerungen
II. Heizwerthöhe von Brenngasen und Wirkungsgrad sowie Gasverbrauch bei der Gasverwendung
III. Sauerstoffangereicherte Luft und feuerungstechnische Kenngrößen von Brenngasen

Heft 169:
Forschungsinstitut für Pigmente und Lacke, Stuttgart
Arbeiten über die Bestimmung des Gebrauchswertes von Lackfilmen durch physikalische Prüfungen

Heft 170:
Prof. Dr. F. Wever, Dr. A. Rose und Dipl.-Ing. L. Rademacher, Düsseldorf
Anwendung der Umwandlungsschaubilder auf Fragen der Werkstoffauswahl beim Schweißen und Flammhärten

Heft 171:
Wäschereiforschung, Krefeld
Untersuchung der Wäscheentwässerung mit Hilfe von Zentrifugen und Pressen

Heft 172:
Dipl.-Ing. W. Rohs, Dr.-Ing. G. Satlow und Text.-Ing. G. Heller, Bielefeld
Trocknung von Hanfgarnen. Kreuzspultrocknung

Heft 173:
Prof. Dr. W. Kast, Krefeld, Prof. Dr. R. Hosemann und Dipl.-Phys. G. Schoknecht, Berlin
Lichtoptische Herstellung und Diskussion der Faltungsquadrate parakristalliner Gitter

Heft 174:
Prof. Dr. W. von Fragstein, Dr. J. Meingast und H. Hoch, Köln
Herstellung von Solen einheitlicher Teilchengröße und Ermittlung ihrer optischen Eigenschaften

Heft 175:
Dr.-Ing. H. Zeller, Aachen
Beitrag zur eindimensionalen stationären und nichtstationären Gasströmung mit Reibung und Wärmeleitung insbesondere in Rohren mit unstetigen Querschnittsänderungen

Heft 176:
Dipl.-Ing. H. Schöberl, Duisburg
Über die Methoden zur Ermittlung der Verbrennungstemperatur von Brennstoffen und ein Vorschlag zu ihrer Verbesserung

Heft 177:
Dipl.-Ing. H. Stüdemann, Solingen, und Dr.-Ing. W. Müchler, Essen
Entwicklung eines Verfahrens zur zahlenmäßigen Bestimmung der Schneideigenschaften von Messerklingen

Heft 178:
Prof. Dr. M. von Stackelberg und Dr. W. Hans, Bonn
Untersuchungen zur Ausarbeitung und Verbesserung von polarographischen Analysenmethoden

Heft 179:
Dipl.-Ing. H. F. Reineke, Bochum
Entwicklungsarbeiten auf dem Gebiete der Meß- und Regeltechnik

Heft 180:
Dr.-Ing. W. Piepenburg, Dipl.-Ing. B. Bühling und Bauing. J. Behnke, Köln
Putzarbeiten im Hochbau und Versuche mit aktiviertem Mörtel und mechanischem Mörtelauftrag

Heft 181:
Prof. Dr. W. Franz, Münster
Theorie der elektrischen Leitvorgänge in Halbleitern und isolierenden Festkörpern bei hohen elektrischen Feldern

Heft 182:
Dr.-Ing. P. Schenk und Dr. K. Osterloh, Düsseldorf
Katalytisch-thermische Spaltung von gasförmigen und flüssigen Kohlenwasserstoffen zur Spitzengaserzeugung

Heft 183:
Dr. W. Bornheim, Köln
Entwicklungsarbeiten an Flaschen- und Ampullen-Behandlungsmaschinen für die pharmazeutische Industrie

Heft 184:
Dr.-Ing. E. Printz, Kettwig
Vollhydraulische Parallel-Kupplung für Ackerschlepper

Heft 185:
Dipl.-Ing. W. Rohs und Text.-Ing. G. Heller, Bielefeld
Studien an einem neuzeitlichen Kreuzspultrockner für Bastfasergarne mit Wiederbefeuchtungszone

Heft 186:
Dr. E. Wedekind, Krefeld
Untersuchungen zur Arbeitsbestgestaltung bei der Fertigstellung von Oberhemden in gewerblichen Wäschereien

Heft 187:
Dipl.-Ing. F. Göttgens, Essen
Über die Eigenarten der Bimetall-, Thermo- und Flammenionisationssicherungsmethode in ihrer Anwendung auf Zündsicherungen

Heft 188:
W. Kinnebrock, Langenberg
Der Einfluß des Austausches gleicher Gaskochbrenner bzw. Gaskochbrennerteile auf den Wirkungsgrad und insbesondere auf den CO-Gehalt der Verbrennungsgase

Heft 189:
Fa. E. Leybold's Nachfolger, Köln
I. Ausgewählte Kapitel aus der Vakuumtechnik
II. Zum Verlust anorganisch-nichtflüchtiger Substanzen während der Gefriertrocknung

Heft 190:
Prof. Dr. A. Neuhaus, Prof. Dr. O. Schmitz-DuMont und Dipl.-Chem. H. Reckhard, Bonn
Zur Kenntnis der Alkalititanate

Heft 191:
Dr.-Ing. H. Söhngen, Darmstadt
Schwingungsverhalten eines Schaufelkranzes im Vakuum

Heft 192:
Dipl.-Phys. E. M. Schneider, München
Kohlebogenlampen für Aufnahme und Kopie

Heft 193:
Prof. Dr. O. Schmitz-DuMont, Bonn
Untersuchungen über neue Pigmentfarbstoffe

Heft 194:
Dr. K. Hecht, Köln
Entwicklung neuartiger physikalischer Unterrichtsgeräte

Heft 195:
Dr.-Ing. E. Rößger, Köln
Gedanken über einen neuen deutschen Luftverkehr

Heft 196:
Dipl.-Ing. W. Rohs und Text.-Ing. H. Griese, Bielefeld
Auswirkungen von Garnfehlern bei der Verarbeitung von Leinengarnen

Heft 197:
Dr. E. Wedekind, Krefeld
Untersuchungen zur Bestimmung der optimalen Arbeitsplatzgröße bei Mehrstuhlarbeit in der Weberei

Heft 198:
Prof. Dr. J. Weissinger, Karlsruhe
Zur Aerodynamik des Ringflügels. Die Druckverteilung dünner, fast drehsymmetrischer Flügel in Unterschallströmung

# VERÖFFENTLICHUNGEN DER ARBEITSGEMEINSCHAFT FÜR FORSCHUNG DES LANDES NORDRHEIN-WESTFALEN

## Naturwissenschaften

Heft 1:
Prof. Dr.-Ing. F. Seewald, Aachen
Neue Entwicklungen auf dem Gebiet der Antriebsmaschinen
Prof. Dr.-Ing. F. A. F. Schmidt, Aachen
Technischer Stand und Zukunftsaussichten der Verbrennungsmaschinen, insbesondere der Gasturbinen
Dr.-Ing. R. Friedrich, Mülheim (Ruhr)
Möglichkeiten und Voraussetzungen der industriellen Verwertung der Gasturbine

Heft 2:
Prof. Dr.-Ing. W. Riezler, Bonn
Probleme der Kernphysik
Prof. Dr. Micheel, Münster
Isotope als Forschungsmittel in der Chemie und Biochemie

Heft 3:
Prof. Dr. E. Lehnartz, Münster
Der Chemismus der Muskelmaschine
Prof. Dr. G. Lehmann, Dortmund
Physiologische Forschung als Voraussetzung der Bestgestaltung der menschlichen Arbeit
Prof. Dr. H. Kraut, Dortmund
Ernährung und Leistungsfähigkeit

Heft 4:
Prof. Dr. F. Wever, Düsseldorf
Aufgaben der Eisenforschung
Prof. Dr.-Ing. H. Schenck, Aachen
Entwicklungslinien des deutschen Eisenhüttenwesens
Prof. Dr.-Ing. M. Haas, Aachen
Wirtschaftliche Bedeutung der Leichtmetalle und ihre Entwicklungsmöglichkeiten

Heft 5:
Prof. Dr. W. Kikuth, Düsseldorf
Virusforschung
Prof. Dr. R. Danneel, Bonn
Fortschritte der Krebsforschung
Prof. Dr. W. Schulemann, Bonn
Wirtschaftliche und organisatorische Gesichtspunkte für die Verbesserung unserer Hochschulforschung

Heft 6:
Prof. Dr. W. Weizel, Bonn
Die gegenwärtige Situation der Grundlagenforschung in der Physik
Prof. Dr. S. Strugger, Münster
Das Duplikantenproblem in der Biologie
Direktor Dr. F. Gummert, Essen
Überlegungen zu den Faktoren Raum und Zeit im biologischen Geschehen und Möglichkeiten einer Nutzanwendung

Heft 7:
Prof. Dr.-Ing. A. Götte, Aachen
Steinkohle als Rohstoff und Energiequelle
Prof. Dr. Dr. E. h. K. Ziegler, Mülheim/Ruhr
Über Arbeiten des Max-Planck-Institutes für Kohlenforschung

Heft 8:
Prof. Dr.-Ing. W. Fucks, Aachen
Die Naturwissenschaft, die Technik und der Mensch
Prof. Dr. W. Hoffmann, Münster
Wirtschaftliche und soziologische Probleme des technischen Fortschritts

Heft 9:
Prof. Dr.-Ing. F. Bollenrath, Aachen
Zur Entwicklung warmfester Werkstoffe
Prof. Dr. H. Kaiser, Dortmund
Stand spektralanalytischer Prüfverfahren und Folgerung für deutsche Verhältnisse

Heft 10:
Prof. Dr. H. Braun, Bonn
Möglichkeiten und Grenzen der Resistenzzüchtung
Prof. Dr.-Ing. C. H. Dencker, Bonn
Der Weg der Landwirtschaft von der Energieautarkie zur Fremdenergie

Heft 11:
Prof. Dr.-Ing. H. Opitz, Aachen
Entwicklungslinien der Fertigungstechnik in der Metallbearbeitung
Prof. Dr.-Ing. K. Krekeler, Aachen
Stand und Aussichten der schweißtechnischen Fertigungsverfahren

Heft 12:
Dr. H. Rathert, Wuppertal-Elberfeld
Entwicklung auf dem Gebiet der Chemiefaser-Herstellung
Prof. Dr. W. Weltzien, Krefeld
Rohstoff und Veredlung in der Textilwirtschaft

Heft 13:
Dr.-Ing. E. h. K. Herz, Frankfurt a. M.
Die technischen Entwicklungstendenzen im elektrischen Nachrichtenwesen
Staatssekretär Prof. L. Brandt, Düsseldorf
Navigation und Luftsicherung

Heft 14:
Prof. Dr. B. Helferich, Bonn
Stand der Enzymchemie und ihre Bedeutung
Prof. Dr. H. W. Knipping, Köln
Ausschnitt aus der klinischen Carcinomforschung am Beispiel des Lungenkrebses

Heft 15:
Prof. Dr. A. Esau, Aachen
Ortung mit elektrischen und Ultraschallwellen in Technik und Natur
Prof. Dr.-Ing. E. Flegler, Aachen
Die ferromagnetischen Werkstoffe der Elektrotechnik und ihre neueste Entwicklung

Heft 16:
Prof. Dr. R. Seyffert, Köln
Die Problematik der Distribution
Prof. Dr. Theodor Beste, Köln
Der Leistungslohn

Heft 17:
Prof. Dr.-Ing. Seewald, Aachen
Luftfahrtforschung in Deutschland und ihre Bedeutung für die allgemeine Technik
Prof. Dr.-Ing. E. Houdremont, Essen
Art und Organisation der Forschung in einem Industrieforschungsinstitut der Eisenindustrie

Heft 18:
Prof. Dr. W. Schulemann, Bonn
Theorie und Praxis pharmakologischer Forschung
Prof. Dr. W. Groth, Bonn
Technische Verfahren zur Isotopentrennung

Heft 19:
Dipl.-Ing. K. Traenckner, Essen
Entwicklungstendenzen der Gaserzeugung

Heft 20:
M. Zvegintzow, London
Wissenschaftliche Forschung und die Auswertung ihrer Ergebnisse
Ziel u. Tätigkeit der National Research Development Corporation
Dr. A. King, London
Wissenschaft und internationale Beziehungen

Heft 21:
Prof. Dr. R. Schwarz, Aachen
Wesen und Bedeutung der Silicium-Chemie
Prof. Dr. Dr. h. c. K. Alder, Köln
Fortschritte in der Synthese von Kohlenstoffverbindungen

Heft 21 a
Prof. Dr. Dr. h. c. O. Hahn, Göttingen
Die Bedeutung der Grundlagenforschung für die Wirtschaft
Prof. Dr. S. Strugger, Münster
Die Erforschung des Wasser- und Nährsalztransportes im Pflanzenkörper mit Hilfe der fluoreszenzmikroskopischen Kinematographie

Heft 22:
Prof. Dr. J. von Allesch, Göttingen
Die Bedeutung der Psychologie im öffentlichen Leben
Prof. Dr. O. Graf, Dortmund
Triebfedern menschlicher Leistung

Heft 23:
Prof. Dr. Dr. h. c. B. Kuske, Köln
Zur Problematik der wirtschaftswissenschaftlichen Raumforschung
Prof. Dr. Dr.-Ing. E. h. St. Prager, Düsseldorf
Städtebau und Landesplanung

Heft 24:
Prof. Dr. R. Danneel, Bonn
Über die Wirkungsweise der Erbfaktoren
Prof. Dr. K. Herzog, Krefeld
Bewegungsbedarf der menschlichen Gliedmaßengelenke bei der Berufsarbeit

Heft 25:
Prof. Dr. O. Haxel, Heidelberg
Energiegewinnung aus Kernprozessen
Dr.-Ing. Dr. M. Wolf, Düsseldorf
Gegenwartsprobleme der energiewirtschaftlichen Forschung

Heft 26:
Prof. Dr. F. Becker, Bonn
Ultrakurzwellenstrahlung aus dem Weltraum
Dr. H. Straßl, Bonn
Bemerkenswerte Doppelsterne und das Problem der Sternentwicklung

Heft 27:
Prof. Dr. H. Behnke, Münster
Der Strukturwandel der Mathematik in der ersten Hälfte des 20. Jahrhunderts
Prof. Dr. E. Sperner, Hamburg
Eine mathematische Analyse der Luftdruckverteilung in großen Gebieten

Heft 28:
Prof. Dr. O. Niemczyk, Aachen
Die Problematik gebirgsmechanischer Vorgänge im Steinkohlenbergbau
Prof. Dr. W. Ahrens, Krefeld
Die Bedeutung geologischer Forschung für die Wirtschaft besonders in Nordrhein-Westfalen

Heft 29:
Prof. Dr. B. Rensch, Münster
Das Problem der Residuen bei Lernleistungen
Prof. Dr. H. Fink, Köln
Über Leberschäden bei der Bestimmung des biologischen Wertes verschiedener Eiweiße von Mikroorganismen

Heft 30:
Prof. Dr.-Ing. F. Seewald, Aachen
Forschungen auf dem Gebiete der Aerodynamik
Prof. Dr.-Ing. K. Leist, Aachen
Forschungen in der Gasturbinentechnik

Heft 31:
Prof. Dr.-Ing. Dr. h. c. F. Mietzsch, Wuppertal
Chemie und wirtschaftliche Bedeutung der Sulfonamide
Prof. Dr. Dr. h. c. G. Domagk, Wuppertal
Die experimentellen Grundlagen der bakteriellen Infektionen

Heft 32:
Prof. Dr. H. Braun, Bonn
Die Verschleppung von Pflanzenkrankheiten und -schädlingen über die Welt
Prof. Dr. W. Rudorf, Voldagsen
Der Beitrag von Genetik und Züchtung zur Bekämpfung von Viruskrankheiten der Nutzpflanzen

Heft 33:
Prof. Dr.-Ing. V. Aschoff, Aachen
Probleme der elektroakustischen Einkanalübertragung
Prof. Dr.-Ing. H. Döring, Aachen
Erzeugung und Verstärkung von Mikrowellen

Heft 34:
Geheimrat Prof. Dr. Dr. R. Schenck, Aachen
Bedingungen und Gang der Kohlenhydratsynthese im Licht
Prof. Dr. E. Lehnartz, Münster
Die Endstufen des Stoffabbaues im Organismus

Heft 35:
Prof. Dr.-Ing. H. Schenck, Aachen
Gegenwartsprobleme der Eisenindustrie in Deutschland
Prof. Dr.-Ing. Piwowarsky †, Aachen
Gelöste und ungelöste Probleme im Gießereiwesen

Heft 36:
Prof. Dr. W. Riezler, Bonn
Teilchenbeschleuniger
Prof. Dr. G. Schubert, Hamburg
Anwendung neuer Strahlenquellen in der Krebstherapie

Heft 37:
Prof. Dr. F. Lotze, Münster
Probleme der Gebirgsbildung
Bergwerksdirektor Bergassessor a. D. Rauschenbach, Essen
Die Erhaltung der Förderungskapazität des Ruhrbergbaues auf lange Sicht

Heft 38:
Dr. E. C. Cherry, London
Kybernetik
Prof. Dr. E. Pietsch, Clausthal-Zellerfeld
Dokumentation und mechanisches Gedächtnis — zur Frage der Ökonomie der geistigen Arbeit

Heft 39:
Dr. H. Haase, Hamburg
Infrarot und seine technischen Anwendungen
Prof. Dr. A. Esau, Aachen
Die Bedeutung des Ultraschalls für technische Anwendungsgebiete

Heft 40:
Bergassessor F. Lange, Bochum-Hordel
Die wirtschaftliche und soziale Bedeutung der Silikose im Bergbau
Prof. Dr. W. Kikuth, Düsseldorf
Die Entstehung der Silikose und ihre Verhütungsmaßnahmen

Heft 40 a:
Prof. Dr. E. Gross, Bonn
Berufskrebs und Krebsforschung
Prof. Dr. H. W. Knipping, Köln
Die Situation der Krebsforschung vom Standpunkt der Klinik

Heft 41:
Dr.-Ing. G. V. Lachmann, Teddington
An einer neuen Entwicklungsschwelle im Flugzeugbau
Dr. A. Gerber, Zürich
Stand der Entwicklung der Raketen- und Lenktechnik

Heft 42:
Prof. Dr. T. Kraus, Köln
Lokalisationsphänomene und Raumordnung vom Standpunkt der geographischen Wissenschaft
Direktor Dr. F. Gummert, Essen
Vom Ernährungsversuchsfeld der Kohlenstoffbiologischen Forschungsstation Essen (Ein 6 Jahre lang durchgeführter Versuch, einen Menschen aus dem Ertrag von 1250 qm zu ernähren)

Heft 42 a:
Prof. Dr. Dr. h. c. G. Domagk, Wuppertal
Fortschritte auf dem Gebiet der experimentellen Krebsforschung

Heft 43:
Prof. G. Lampariello, Rom
Über Leben und Werk von Heinrich Hertz
Prof. Dr. W. Weizel, Bonn
Über das Problem der Kausalität in der Physik

Heft 43 a:
Prof. Dr. J. Mª Albareda, Madrid
Die Entwicklung der Forschung in Spanien

Heft 44:
Prof. Dr. B. Helferich, Bonn
Über Glykose
Prof. Dr. F. Micheel, Münster
Kohlenhydrat-Eiweiß-Verbindungen und ihre bio-chemische Bedeutung

Heft 45:
Prof. Dr. J. von Neumann, Princeton/USA
Entwicklung und Ausnutzung neuerer mathematischer Maschinen
Prof. Dr. E. Stiefel, Zürich
Rechenautomaten im Dienste der Technik mit Beispielen aus dem Züricher Institut für angewandte Mathematik

Heft 46:
Prof. Dr. W. Weltzien, Krefeld
Ausblick auf die Entwicklung synthetischer Fasern
Prof. Dr. W. Hoffmann, Münster
Wachstumsformen der Industriewirtschaft

Heft 47:
Staatssekretär Prof. L. Brandt, Düsseldorf
Die praktische Förderung der Forschung in Nordrhein-Westfalen
Prof. Dr. L. Raiser, Bad Godesberg
Die Förderung der angewandten Forschung durch die Deutsche Forschungsgemeinschaft

Heft 48:
Dr. H. Tromp, Rom
Bestandsaufnahme der Wälder der Welt als internationale und wissenschaftliche Aufgabe
Prof. Dr. F. Heske, Schloß Reinbek
Die Wohlfahrtswirkungen des Waldes als internationales Problem

Heft 49:
Präsident Dr. G. Böhnecke, Hamburg
Zeitfragen der Ozeanographie
Reg.-Direktor Dr. H. Gabler, Hamburg
Nautische Technik und Schiffssicherheit

Heft 50:
Prof. Dr.-Ing. F. A. F. Schmidt, Aachen
Probleme der Selbstentzündung und Verbrennung bei der Entwicklung der Hochleistungskraftmaschinen
Prof. Dr.-Ing. A. W. Quick, Aachen
Ein Verfahren zur Untersuchung des Austauschvorganges in verwirbelten Strömungen hinter Körpern mit abgelöster Strömung

Heft 51:
Prof. Dr. S. Strugger, Münster
Struktur, Entwicklungsgeschichte und Physiologie der Chloroplasten
Direktor Dr. J. Pätzold, Erlangen
Therapeutische Anwendung mechanischer und elektrischer Energie

# VERÖFFENTLICHUNGEN DER ARBEITSGEMEINSCHAFT FÜR FORSCHUNG DES LANDES NORDRHEIN-WESTFALEN

## Geisteswissenschaften

Heft 1:
Prof. Dr. W. Richter, Bonn
Die Bedeutung der Geisteswissenschaften für die Bildung unserer Zeit
Prof. Dr. J. Ritter, Münster
Die aristotelische Lehre vom Ursprung und Sinn der Theorie

Heft 2:
Prof. Dr. J. Kroll, Köln
Elysium
Prof. Dr. G. Jachmann, Köln
Die vierte Ekloge Vergils

Heft 3:
Prof. Dr. H. Stier, Münster
Die klassische Demokratie

Heft 4:
Prof. Dr. W. Caskel, Köln
Lihyan und Lihyanisch, Sprache und Kultur eines früharabischen Königreiches

Heft 5:
Prof. Dr. T. Ohm, Münster
Stammesreligionen im südlichen Tanganyika-Territorium

Heft 6:
Prälat Prof. Dr. Dr. h. c. G. Schreiber, Münster
Deutsche Wissenschaftspolitik von Bismarck bis zum Atomwissenschaftler Otto Hahn

Heft 7:
Prof. Dr. W. Holtzmann, Bonn
Das mittelalterliche Imperium und die werdenden Nationen

Heft 8:
Prof. Dr. W. Caskel, Köln
Die Bedeutung der Beduinen in der Geschichte der Araber

Heft 9:
Prälat Prof. Dr. Dr. h. c. G. Schreiber, Münster
Iroschottische Motive im abendländischen Sakralraum

Heft 10:
Prof. Dr. P. Rassow
Forschungen zur Reichsidee im 16. und 17. Jahrhundert

Heft 11:
Prof. Dr. H. E. Stier, Münster
Roms Aufstieg zur Weltherrschaft

Heft 12:
Prof. D. K. Rengstorf, Münster
Mann und Frau im Urchristentum
Prof. Dr. H. Conrad, Bonn
Grundprobleme einer Reform des Familienrechts

Heft 13:
Prof. Dr. M. Braubach, Bonn
Der Weg zum 20. Juli 1944 — Ein Forschungsbericht

Heft 14:
Prof. Dr. P. Hübinger, Münster
Das deutsch-französische Verhältnis und seine mittelalterlichen Grundlagen

Heft 15:
Prof. Dr. F. Steinbach, Bonn
Der geschichtliche Weg des wirtschaftenden Menschen in die soziale Freiheit und politische Verantwortung

Heft 16:
Prof. Dr. J. Koch, Köln
Die Ars coniecturalis des Nikolaus von Cues

Heft 17:
Prof. Dr. J. Conant, US-Hochkommissar für Deutschland
Staatsbürger und Wissenschaftler
Prof. D. K. H. Rengstorf, Münster
Antike und Christentum

Heft 18:
Prof. Dr. R. Alewyn, Köln
Klopstocks Publikum

Heft 19:
Prof. Dr. F. Schalk, Köln
Das Lächerliche in der französischen Literatur des Ancien Régime

Heft 20:
Prof. Dr. L. Raiser, Bad Godesberg
Rechtsfragen der Mitbestimmung

Heft 21:
Prof. D. M. Noth, Bonn
Das Geschichtsverständnis der alttestamentlichen Apokalyptik

Heft 22:
Prof. Dr. W. F. Schirmer, Bonn
Glück und Ende des Königs in Shakespeares Historien

Heft 23:
Prof. Dr. G. Jachmann, Köln
Der homerische Schiffskatalog und die Ilias

Heft 24:
Prof. Dr. T. Klauser, Bonn
Die römischen Petrustraditionen im Lichte der neuen Ausgrabungen unter der Peterskirche

Heft 25:
Prof. Dr. H. Peters, Köln
Die Gewaltentrennung in moderner Sicht

Heft 26:
Prof. Dr. F. Schalk, Köln
Calderon und die Mythologie

Heft 27:
Prof. Dr. J. Kroll, Köln
Vom Leben geflügelter Worte

Heft 28:
Prof. Dr. T. Ohm, Münster
Die Religionen in Asien

Heft 29:
Prof. Dr. L. Weisgerber, Bonn
Die Ordnung der Sprache im persönlichen und öffentlichen Leben

Heft 30:
Prof. Dr. W. Caskel, Köln
Entdeckungen in Arabien

Heft 31:
Prof. Dr. M. Braubach, Bonn
Entstehung und Entwicklung der landesgeschichtlichen Bestrebungen und historischen Vereine im Rheinland

Heft 32:
Prof. Dr. F. Schalk, Köln
Somnium und verwandte Wörter in den romanischen Sprachen

Heft 33:
Prof. Dr. F. Dessauer, Frankfurt a. M.
Erbe und Zukunft des Abendlandes

Heft 34:
Prof. Dr. T. Ohm, Münster
Ruhe und Frömmigkeit

Heft 35:
Prof. Dr. H. Conrad, Bonn
Die mittelalterliche Besiedlung des deutschen Ostens und das deutsche Recht

Heft 36:
Prof. Dr. H. Sckommodau, Köln
Die religiösen Dichtungen Margaretes von Navarra

Heft 37:
Prof. Dr. H. von Einem, Bonn
Der Kopf mit der Binde des Meisters von Naumburg

Heft 38:
Prof. Dr. J. Höffner, Münster
Statik und Dynamik in der scholastischen Wirtschaftsethik

Heft 39:
Prof. Dr. F. Schalk, Köln
Diderots Essai über Claudius und Nero

Heft 40:
Prof. Dr. G. Kegel, Köln
Probleme des internationalen Enteignungs- und Währungsrechts

Heft 41:
Prof. Dr. L. Weisgerber, Bonn
Die Grenzen der Schrift

Heft 42:
Prof. Dr. R. Alewyn, Köln
Von der Empfindsamkeit zur Romantik

Heft 43:
Prof. Dr. T. Schieder, Köln
Die Probleme des Rapallo-Vertrages 1922

Heft 44:
Prof. Dr. A. Rumpf, Köln
Stilphasen der spätantiken Kunst

If you have any concerns about our products,
you can contact us on
**ProductSafety@springernature.com**

In case Publisher is established outside the EU,
the EU authorized representative is:
**Springer Nature Customer Service Center GmbH**
**Europaplatz 3, 69115 Heidelberg, Germany**

Printed by Libri Plureos GmbH
in Hamburg, Germany